なぜ？がわかる
データベース

リレーショナルDBの構造と動きを徹底理解

小笠原種高 ── 著

本書内容に関するお問い合わせについて

このたびは翔泳社の書籍をお買い上げいただき、誠にありがとうございます。弊社では、読者の皆様からのお問い合わせに適切に対応させていただくため、以下のガイドラインへのご協力をお願い致しております。下記項目をお読みいただき、手順に従ってお問い合わせください。

●ご質問される前に

弊社Webサイトの「正誤表」をご参照ください。これまでに判明した正誤や追加情報を掲載しています。

　　　正誤表　　https://www.shoeisha.co.jp/book/errata/

●ご質問方法

弊社Webサイトの「刊行物Q&A」をご利用ください。

　　　刊行物Q&A　　https://www.shoeisha.co.jp/book/qa/

インターネットをご利用でない場合は、FAXまたは郵便にて、下記"翔泳社 愛読者サービスセンター"までお問い合わせください。
電話でのご質問は、お受けしておりません。

●回答について

回答は、ご質問いただいた手段によってご返事申し上げます。ご質問の内容によっては、回答に数日ないしはそれ以上の期間を要する場合があります。

●ご質問に際してのご注意

本書の対象を越えるもの、記述個所を特定されないもの、また読者固有の環境に起因するご質問等にはお答えできませんので、予めご了承ください。

●郵便物送付先およびFAX番号

　　　送付先住所　　〒160-0006　東京都新宿区舟町5
　　　FAX番号　　　03-5362-3818
　　　宛先　　　　　（株）翔泳社 愛読者サービスセンター

※本書に記載されたURL等は予告なく変更される場合があります。
※本書の出版にあたっては正確な記述につとめましたが、著者や出版社などのいずれも、本書の内容に対してなんらかの保証をするものではなく、内容やサンプルに基づくいかなる運用結果に関してもいっさいの責任を負いません。
※本書に掲載されているサンプルプログラムやスクリプト、および実行結果を記した画面イメージなどは、特定の設定に基づいた環境にて再現される一例です。
※本書に記載されている会社名、製品名はそれぞれ各社の商標および登録商標です。

はじめに

「データベース」という言葉を聞いた時に、それがどういうものでどこで使われているのか、スラスラと答えられる人は少ないのではないでしょうか。

一般の人だけでなくIT業界で働く人であっても、自分の専門外のことは意外と知らないものです。

現代のシステムの多くは、データベースを使用しているものがほとんどです。私たちの生活に欠かせない道具と言っても良いでしょう。しかし、そのわりにはどうも曖昧で、得体の知れない印象かもしれませんね。

本書では、ニャー太君とデイビット君というキャラクターたちとともに「そもそもデータベースとは何なのか」から始め、リレーショナルデータベースの基本や、データベースをうまく使うための仕組み、設計方法や運用保守まで、データベースに関わるあらゆることを説明します。

学習で一番大切なことは、用語を覚えることではありません。概念や考え方、理屈を知り、身につけることです。それらが自家薬籠中の物となっていれば、用語は自然と頭に入っているものです。

ですから本書では、できるだけカタカナを乱用せず、図を多くすることで、データベースの本質がつかみやすいように解説しています。少し難しく感じる場所は読み飛ばしてしまって構いません。全体像を知ることが肝要なのです。

仕事でも、日常生活でも、データベースを使っていない人はほぼいないといって良いでしょう。特にITに関わる人であれば、データベースを理解することは、強い武器となってあなたを支えてくれるはずです。

ニャー太君、デイビット君と一緒に、ぜひデータベースの世界を楽しんでください。

小笠原種高

Contents

はじめに 003

Part1 データベースの基本　　009

Chapter1 データベースって何だろう?
身の回りのデータとデータベース　　011

- **1-1 データベースって何?** 012
  - 1-1-1 得体の知れないデータベース 012
  - 1-1-2 データベースとデータって何だろう? 013
  - 1-1-3 データベースシステム 017
  - 1-1-4 データの格納庫としてのデータベース 018
  - 1-1-5 データベースを取り巻く人々 019
- **1-2 データベースの構造とその種類** 022
  - 1-2-1 データベースはDBMSが操作している! 022
  - 1-2-2 リレーショナル型DBと、非リレーショナル型DB 026
  - 1-2-3 リレーショナルデータベース（RDBMS） 027
  - 1-2-4 非リレーショナルデータベース（NoSQL） 029
- **1-3 データベースをどう使うのか** 033
  - 1-3-1 データベースを使ったシステム 033
  - 1-3-2 データベースを置く場所 035
  - 1-3-3 データベース使用のメリット 038

Chapter2 リレーショナルデータベースを知ろう
リレーショナルデータベースの特徴と構造　　041

- **2-1 リレーショナルデータベースの特徴** 042
  - 2-1-1 リレーショナルデータベースとは 042
  - 2-1-2 リレーショナルデータベースとExcelとの違い 043
  - 2-1-3 リレーショナルデータベースの利点 044
- **2-2 リレーショナルデータベースの関係性と拡張性** 048
  - 2-2-1 関係性、リレーショナルなデータベース 048
  - 2-2-2 拡張性、プログラムとデータベース 050
  - 2-2-3 その他のリレーショナルデータベースの特徴 054

- 2-3 **プログラム・非リレーショナル型との違い** ... 055
  - 2-3-1 プログラムだけでシステムを作ったらどうなるか ... 055
  - 2-3-2 非リレーショナルデータベースとの違い ... 057
- 2-4 **リレーショナルデータベースの構造** ... 058
  - 2-4-1 リレーショナルデータベースの構造 ... 058
  - 2-4-2 テーブルとデータベース ... 059
- 2-5 **データの置き場所を整えよう** ... 063
  - 2-5-1 データベースは突然入力しはじめない ... 063
  - 2-5-2 キーと主キー ... 065
  - 2-5-3 外部キー（Foreign Key） ... 069
- 2-6 **データの繰り返しと重複を防ぐ** ... 071
  - 2-6-1 なぜ住所録にピアノの楽譜を書き込んではいけないのか ... 071
  - 2-6-2 なぜ一つの表をそんなに分けるのか？ ... 073
  - 2-6-3 正規化と第1正規形 ... 074
  - 2-6-4 第2正規形／第3正規形 ... 076
  - 2-6-5 結局のところ、正規化とは何をやっているのか ... 078

Chapter3 データベースを操作してみよう 1
データの集計と検索・操作 ... 081

- 3-1 **データベースに対してできること** ... 082
  - 3-1-1 プログラムや人はデータベースに要求する ... 082
  - 3-1-2 データベースに要求できる四つのこと ... 083
- 3-2 **データベースからの取り出し方** ... 090
  - 3-2-1 データベースからの取り出し方 ... 090
  - 3-2-2 レコードを指定して取り出す ... 092
  - 3-2-3 並び替えをして取り出す ... 094
- 3-3 **テーブルを組み合わせて取り出す** ... 097
  - 3-3-1 複数のテーブルを組み合わせる ... 097
  - 3-3-2 テーブルを縦方向に組み合わせて取り出す（集合） ... 099
  - 3-3-3 テーブルを横方向に結合して取り出す（結合） ... 101
- 3-4 **演算して取り出す** ... 103
  - 3-4-1 演算（計算）して結果を取り出す ... 103
  - 3-4-2 演算子 ... 104
  - 3-4-3 関数 ... 105

3-4-4 集約関数 ... 106

Chapter4 データベースを操作してみよう2
データを守る技術と便利な技術　109

- 4-1 **データを守るための仕組み** ... 110
  - 4-1-1 データを守る三つの仕組み ... 110
- 4-2 **データ型と制約** ... 114
  - 4-2-1 データ型と制約とは ... 114
  - 4-2-2 データ型とデータの長さ ... 115
  - 4-2-3 制約 ... 118
- 4-3 **トランザクション処理** ... 122
  - 4-3-1 トランザクションとは ... 122
- 4-4 **ロックとデッドロック** ... 128
  - 4-4-1 ロックとは ... 128
  - 4-4-2 ロックの範囲と種類 ... 130
  - 4-4-3 デッドロック ... 132
- 4-5 **データベースを扱う技術** ... 135
  - 4-5-1 プログラムから扱いやすくなる仕組み ... 135
- 4-6 **インデックス** ... 137
  - 4-6-1 インデックスとは ... 137
- 4-7 **ビュー** ... 140
  - 4-7-1 ビューとは ... 140
- 4-8 **ストアドプロシージャ** ... 143
  - 4-8-1 ストアドプロシージャ ... 143
  - 4-8-2 ストアドプロシージャとトランザクションの違い ... 144
- 4-9 **トリガー** ... 146
  - 4-9-1 トリガーとは ... 146

Part2 データベースの応用　147

Chapter5 データベース設計の流れを見よう
設計とスキーマ　149

- 5-1 **データベースシステムとは** ... 150
  - 5-1-1 データベースシステムとは ... 150

- 5-2 **システム開発の流れ** ...152
  - 5-2-1 システム開発の流れ ...152
- 5-3 **データベース設計とは** ...157
  - 5-3-1 「データベース係」はどこに関わるのか ...157
  - 5-3-2 仕様／要件定義でのデータベース ...158
  - 5-3-3 設計でのデータベース ...160
  - 5-3-4 三層スキーマ ...160
- 5-4 **データベース設計の流れ** ...163
  - 5-4-1 混沌とした書類や業務を整理する ...163
  - 5-4-2 何をテーブルとするのか ...166
- 5-5 **ER図** ...176
  - 5-5-1 ER図とは ...176
  - 5-5-2 ER図の使い方 ...177
  - 5-5-3 ER図の書き方 ...178
- 5-6 **データベース設計で初心者が覚えておくこと** ...181
  - 5-6-1 初心者はまず大掴みに概要を掴む ...181

Chapter6 データベースを作ってみよう
インストールから稼働まで ...183

- 6-1 **データベースサーバ** ...184
  - 6-1-1 サーバとは ...184
  - 6-1-2 クライアントサーバシステム ...188
  - 6-1-3 筐体としてのサーバと役割としてのサーバ ...189
- 6-2 **データベースの操作** ...191
  - 6-2-1 データベースはどのように操作するのか ...191
  - 6-2-2 サーバで直接操作する／リモートで操作する ...192
  - 6-2-3 黒い画面（CUI）で操作する ...192
  - 6-2-4 見慣れた画面（GUI）で操作する ...195
  - 6-2-5 データベースの操作は誰が行うのか ...197
- 6-3 **データベースの実装** ...199
  - 6-3-1 データベースの実装 ...199
- 6-4 **ユーザアカウント管理** ...206
  - 6-4-1 ユーザアカウント管理 ...206
- 6-5 **ドライバとライブラリ** ...209

	6-5-1 ドライバとライブラリ	209

Chapter7 データベースを運用しよう
バックアップ・保守運用　　　213

- **7-1 データベース運用で気を付けること** ... 214
  - 7-1-1 データベースを運用するということ ... 214
- **7-2 正しく稼働させる** ... 215
  - 7-2-1 正しく稼働する ... 215
  - 7-2-2 データが壊れていないこと ... 217
  - 7-2-3 データにアクセスできること ... 218
- **7-3 安全に稼働させる** ... 220
  - 7-3-1 安全に稼働する ... 220
  - 7-3-2 三つの脅威 ... 223
- **7-4 稼働し続ける** ... 226
  - 7-4-1 稼働し続ける ... 226

Chapter8 データベースを使おう
データベースアプリケーションの仕組み　　　231

- **8-1 データベースシステムを作るには** ... 232
  - 8-1-1 データベースシステムの仕組み ... 232
  - 8-1-2 クラサバはどうなっているのか ... 233
- **8-2 身近なアプリケーションとデータベースの関係** ... 239
  - 8-2-1 アプリケーション ... 239
  - 8-2-2 Webカレンダー ... 240
  - 8-2-3 動画・ショッピングサイト ... 241
  - 8-2-4 ショッピングサイトやゲームの決済機能 ... 241
  - 8-2-5 図書館の検索システム ... 242
  - 8-2-6 検索サイト ... 243
  - 8-2-7 Webメール ... 244

　　おわりに ... 248
　　索引 ... 249
　　著者紹介 ... 255

Part1
データベースの基本

Chapter1 データベースって何だろう？
　　　　　　-身の回りのデータとデータベース

Chapter2 リレーショナルデータベースを知ろう
　　　　　　-リレーショナルDBの特徴と構造

Chapter3 データベースを操作してみよう1
　　　　　　-データの集計と検索・操作

Chapter4 データベースを操作してみよう2
　　　　　　-データを守る技術と便利な技術

ニャー太

データベースってなんだかよくわからないなあ。プログラムとはどう違うんだっけ？プログラミングならちょっと勉強したんだけど…。

プログラムと違って、データベースは単独で使うものではないから、イメージが掴みづらいかもしれないね。
Part1では、そもそもデータベースとは何なのか、リレーショナルデータベースの特徴やできることなど、データベースの基本について学んでいくよ。

デイビット君

Chapter1
データベースって何だろう?
―身の回りのデータとデータベース

1-1 データベースって何?
1-2 データベースの構造とその種類
1-3 データベースをどう使うのか

データベースとは何でしょう。パソコンやスマホが広く普及した現在、SNSや会社の業務システム、ICカードなど、様々なシステムがデータベースを利用しています。皆さんが意識しないところでも、データベースは私たちの生活を助け、支えています。本章では、その全体像を把握し、データベースの本質に迫ります。

Chapter1 データベースって何だろう？

1 データベースって何?

データベースって、そもそもなんだっけ？プログラム？

広い意味では、紙のメモでもキミの持っているスマホのアドレス帳もデータベースなんだ。

● 1-1-1 | 得体の知れないデータベース

　システム開発の現場では、「データベース」や「DB（デービー）」という言葉がよく出てきます。「このシステムはデータベースを使って構築しています」「データベースサーバが……」「DB（デービー）が壊れた」などなど、新人プログラマならきっと一度は耳にしたことがあるでしょう。

　しかし、よく耳にするわりには、データベースが何なのか、どんなものであるか、はっきりと知っている人は少ないかもしれません。

　詳しそうな先輩に**「データベースってプログラムですか？」**と尋ねれば、おそらく**「違う」**という返事が返ってくるでしょう。でも、そのわりには、プログラマにデータベースの調整をお願いしていたり、プログラマが「データベースに接続できないよ！」などと慌てていることもあるので、どうやらプログラマが関係していることは間違いないようです。プログラムではないのにプログラムが関係している……とは、なんとも不思議な話です。

　プログラムなのか、プログラムではないのか、一体全体、データベースとは何なのでしょう？

1-1-2 データベースとデータって何だろう?

「データベース」とは何でしょう。IT業界では略して「DB（デービー）」などと呼ぶこともあります[1]。「デー」と「ビー」では英語読みとドイツ語読みが混ざっています。略語からして得体の知れない感じがしますね。

何やら壮大ですごそうなもののようですが、データベースとは、一言で言ってしまえば「データの集まり」です（図1-1）。

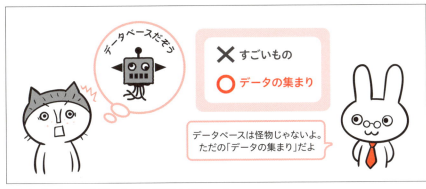

図1-1 データベースと聞いてイメージするものは……？

とにかく「データ」さえ集まっていれば「データベース」と言えるので、スマホに入っている電話帳も、銀行の通帳も、終業式にもらった通知表も、もちろんあなたの給料明細も、すべてデータベースと言えます。

図鑑や辞書などもデータベースの代表的なものですし、テレビの番組表や、駅の時刻表、食品の裏に書いてある食品成分表などもデータベースです。意外と身近にたくさんありますね。

ただ、書類であれば何でもデータベースなのか、と言うとそうではなく、**「何かの目的や基準で集められたデータの集合体」**である必要があります。「日本語に存在する言葉」「あなたに関する情報」など、データベースであるためには、**「集められる目的・基準」**が必要です。

---

[1] Dをデーと読むのは、DやTなど発音で間違えやすいアルファベットをドイツ語読みして区別する昔からの慣例によるものです。こうした混ぜ読みは最近では減っています。

「今の例だと紙で書かれたものもパソコン上のものもデータベースってことになるけど、そもそもデータベースってパソコンが関係するものじゃないの？」と思われた方もいるかもしれません。それも正解です。

データベースは、パソコンやシステムと相性が良いので、デジタルで管理されたり利用されたりすることが多いです。そのため、多くのシステムやサービスにデータベースが利用されています。

皆さんがこれから学んでいくのは、こうしたデジタルで管理されるデータベースのお話です。

データベースとは何か？が、おぼろげに見えてきたのではないでしょうか。ただ、今度は「**データ**」の正体が曖昧ですね。

ごく簡単に言えば、「データ」とは、物事や事象を表したり、構成したりする情報です。ですから、様々な形式で存在します（図1-2）。

例えば、あなたの名前、年齢、性別、住所、メールアドレス、電話番号など、これらはあなたを表すデータです。言うまでもなく、私たちの社会は数えきれないほどのデータに溢れています。データは文字で表されるとは限りません。画像や動画で表される場合もあります。

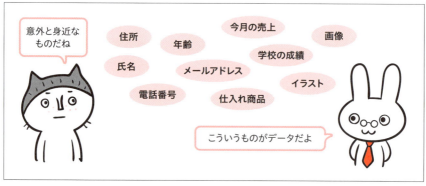

図1-2 世の中に溢れているデータ

多くのデータは、一つではなく、二つ以上で存在しています。例として会社の社員名簿（図1-3）でたとえると、社員名簿というデータベースには

「**大星獅子助**　09023456784　ssnosuke@zoozoo.comm」

のように、一つの事柄に関するデータの集まりか、

「塩谷猫定　大星獅子助　千崎犬五郎　寺岡豹右衛門　大鷲狐吾　斧狸九郎」

のように、一つの項目に関するデータとして、データが集められています。

Zoozoo社　社員名簿

氏名	電話番号	メールアドレス
塩谷猫定	09012345678	enya@zoozoo.comm
大星獅子助	09023456784	ssnosuke@zoozoo.comm
千崎犬五郎	08056432789	inugoro@zoozoo.comm
寺岡豹右衛門	08056478954	hyouemon@zoozoo.comm
大鷲狐吾	09055622231	kon5@zoozoo.comm
斧狸九郎	09045678912	tanu9rou@zoozoo.comm

→ 大星獅子助という人物についてのデータ

Zoozoo社の社員という項目に関するデータ

図1-3 社員名簿は、ある人についてのデータ、全社員の氏名など、項目に沿ってデータが集められている

　このようにデータは、使いやすいようにジャンルや区分など、何か規則に従ってまとめられています（図1-4）。住所なら住所録、電話番号やメールアドレスなら電話帳にまとめられているでしょう。バラバラにメモ帳やチラシの裏に書くと行方不明になって使いづらいですからね。

　このように、一定のデータを集めて規則に従いまとめているものこそが「データ」の「基地」、つまり「データベース（database）」です。

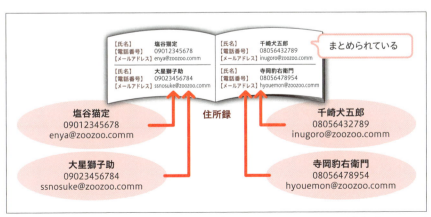

図1-4 ユーザーが使いやすいようたくさんのデータが探しやすくまとめられているのがデータベースのイメージ

Column

データはいくつから存在するのか

データは、「datum（データム）」の複数形であることからもわかるように、複数で存在するのが基本です。何故なら、一つの言葉がポツンとそこにあっても、意味のないことが多いからです。

例えば、「大星獅子助」という名前だけが書かれた紙があっても、何のことだかさっぱりわからないので、意味をなしません。

ですが、机の上に置かれたジュースに「大星獅子助」と書かれたメモがあったらどうでしょう。ジュースの持ち主が大星さんなのか、それとも机の持ち主へ大星さんから差し入れされたのかわかりませんが、「ジュース」と「大星獅子助」がセットになっていることはわかります。

このように何かの意味ができたので、初めて「大星獅子助」が、「データ」と言えるのです。

つまり「データ」とは、単語が単独で存在するのではなく、必ず複数で存在するものなのです（図1-5）。

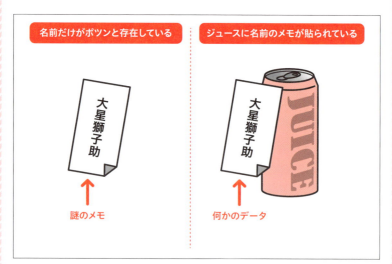

図1-5 データは複数で存在する

> **Column**
>
> ## デジタルだけではないデータベース
>
> スマホの電話帳も通知表もデータベースと言われると、不思議に思われるかもしれません。スマホの電話帳はデジタルですが、通知表は紙です。
>
> 紙なのにデータベース？と思われるかもしれません。
>
> 実は、データベースの定義というのは様々で、「データが集まっていればデータベース」ということもあれば、「データをコンピュータ上に貯めたもの」という場合もあります。

1-1-3 データベースシステム

データもデータベースも、20年前は紙で管理する個人や会社が多かったのですが、現在ではほとんどがコンピュータ上に置き換わっています。

紙で管理すると、知りたいことがあっても一枚一枚めくって一文字ずつたどって探すのは手間ですし、紛失したら大変です。そこでパソコンの普及とともに、データをコンピュータ上に貯めて、プログラムで操作するようになりました。

これがいわゆる「**データベースシステム**」です。

会社で使われるような業務システム[2]や、グループウェア[3]、CMS[4]、ブログなど、大昔は手作業や紙でやっていたことが、コンピュータを使うものに改められ、データベースシステムとして構築されています。

例を挙げるとキリがありませんが、例えば、図書館にある書籍検索・管理システム、ネット上の映画チケット販売管理システム、近所のスー

---

[2] 会計システムや、人事を扱うもの、顧客や商品・在庫などを管理するものなどがある。
[3] 社内での情報共有を行うシステム。メールやチャットが含まれるだけでなく、ファイルを保管する場所なども用意されていることが多い。
[4] コンテンツマネジメントシステムの略で、ウェブサイトを管理、ページを作成するシステムのこと。

パーのレジ……などなど、データベースシステムは身近な生活の中でたくさん見つかります。

　また、データベースが紙からコンピュータへと引っ越すに従って、人々の作業が単に楽になっただけではなく、データの活用方法も広がりました。例えば、変更が容易なのでデータは常に新しくなり、それまでは紙と紙を見比べるのが面倒で行われていなかったようなデータの比較や分析も、上手くシステムを構築することで簡単に実現できるようになったのです。

　検索や抽出を上手く利用してデータの傾向をまとめ、市場の分析やリサーチに役立てる、などの処理はその代表的な例でしょう。ビッグデータのような大量のデータ解析などは、データベースがなければとても行えません。

　紙であれば、単に「データを集めておく」程度だったデータベースですが、**コンピュータ上に乗せることで、検索・更新し、利用することが主な目的となり、「どのようにデータを活用していくのか」がデータベースを扱う上で重要な考えになってきています。**

● 1-1-4 ｜ データの格納庫としてのデータベース

　データが扱いやすくなったことで、見えないところでのデータベースの活用法も増えました。それが、データの格納庫としての役割です。

　データベースシステムは、データベースを活用するためのシステムなのでデータが主役ですが、そうではなく、プログラム的な処理をデータベースに肩代わりさせるという考え方です。

　例えば、Facebookやtwitter、InstagramなどのSNSや、GoogleやYahoo!などの検索サイト、Amazonや楽天などのショッピングサイト、銀行の決済システム、病院のカルテ、Suica・ICOCA・PASMOをはじめとするICカードなど、一見はわかりづらいですが大規模なシステムのほとんどに使われていると言っても過言ではありません（図1-6）。

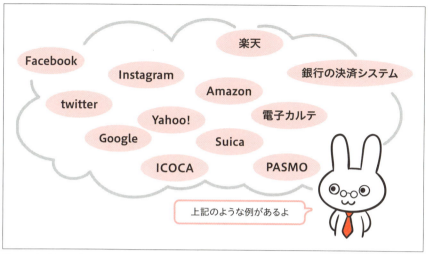

図1-6 身近な大規模システムのほぼすべてにデータベースが使われている

　これは、データベースが、データを保存するのに都合が良いことと、データを取り出しやすい性質によるためです。

　普段、意識せずに使っているものであっても、実はデータベースが使われていた！と驚くこともあるかもしれませんね。

1-1-5 データベースを取り巻く人々

　では、冒頭の問いに戻りましょう。「データベースはプログラムなのか？」という問題です。

　データベースはプログラムなのか？と問われれば、「違う」というのが答えです。データベースは既に説明したとおり、ただのデータの集まりに過ぎません。そもそも電子的ではなく、紙に書かれている可能性だってあるのですから。

　では、どうしてプログラマが「DBが！」「DBが！」と騒いでいるのでしょう。それは、データベースは単体ではなく、データベースシステムの中で、何らかのプログラムとセットで使用されることがほとんどだからです。

図1-7 データベースはプログラムではないが、プログラムと関係があるようだ

　データベースは、データベースシステムとして構築されることが多く、データベースの操作はプログラムで行われます。ですから、データベースそのものはプログラムではないものの、プログラマと関係があるというわけなのです（図1-7）。

　このように話すとプログラマが全部を担当しているようなイメージですが、そのようなことはなく、データベースには他にも様々な人が関わっています。

　データベースを作るには、設計する人や命令以外の部分のプログラムを作る人も必要ですし、システムを維持するには、保守・運用を担当する人が必要です。その他にも、会社に必要なデータベースを発注する人や、そしてもちろん、作られたデータベースを使うユーザーが存在します。いろいろな立場の人が関わって、データベースシステムは存在し、多くの人に利用されているのです（図1-8）。

　それでは、そのデータベースシステムがどのように構成されているか、次の節で説明しましょう。

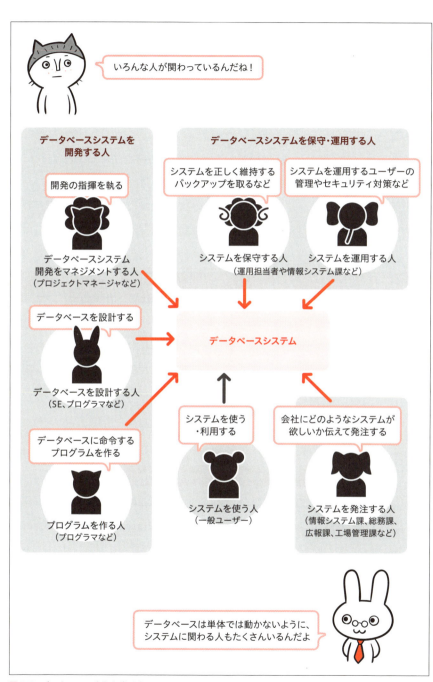

図1-8 データベースを取り巻く人々

Chapter1 データベースって何だろう？

2 データベースの構造とその種類

データベースシステムってどういうものなの？

そんなに複雑じゃないよ。基本的には"三位一体"だ。

● 1-2-1 | データベースはDBMSが操作している！

データベースシステムでは、プログラムがデータベースを操作しているのですが、プログラムが直接データベースを操作しているのではなく、データベースの管理人のような存在に頼んで操作をしています。これが、DBMSと呼ばれるソフトウェアです。

○ データベースのシステムは三位一体

データベースを使ったシステムは三位一体！

プログラム　　　DBMS　　　データベース

データベースシステム	
データベース	データの集まり
DBMS	データベースを操作するソフトウェア
プログラム	DBMSに命令するもの

図1-9 データベースの三位一体

データベースシステムは、①データベース、②「**DBMS（データベースマネジメントシステム）**」、③プログラムの三つで構成されています。

DBMSはデータベースを操作するためのソフトウェアであり、プログラムはそのDBMSに命令をするものです。

これら三つが三位一体となってデータベースシステムを構成しており、基本的にどれか一つが欠けるということはまずないと言って良いでしょう（図1-9）。

○ DBMSは倉庫の管理人のような存在

DBMSという言葉は、あまり聞き慣れないかもしれませんね。

データベースはあくまでデータの集まりに過ぎないので、自分で勝手に動き出す、ということはありません。倉庫で言えば、荷物がデータ、荷物を貯めている倉庫がデータベースのようなものです。荷物も倉庫も自分では動けないわけです。

そこで、荷物を動かす、つまりデータを操作する倉庫管理人のような存在が必要になります。それがDBMSというソフトウェアです（図1-10）。

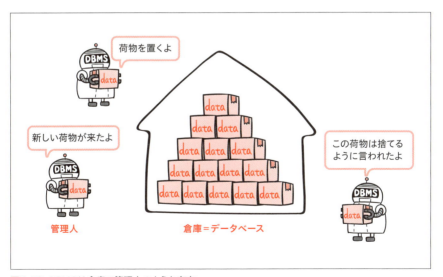

図1-10 DBMSは倉庫の管理人のような存在

一般的に「データベース」と言った場合は、このDBMSと、データベース（データの集まり）を合わせたものを示すことが多く、「データベースはPostgreSQLを使っています」「MySQLでデータベースを構築した」[5]などと言われる場合のソフト名はDBMSの名称です。

　ただ本書では学習する時に紛らわしいので、できるだけ「データの集まり」のみをデータベースと呼び、DBMSとは区別してお話ししていきます。

　DBMSは、受け取った命令を解釈し、データを保存したり、削除したり、移動したりと、実際にデータの操作を行います。

　この「受け取った命令を解釈し」というところがポイントで、DBMSはあくまで「実際に動く」ものであり、AIのように独立した意思があるわけではありません。データベースをどうしたいのか命令しないと、何をして良いかわかりません。常に命令を待ち、言われたとおりに行動するだけの存在です。「このデータを書き込んで欲しい」「削除して欲しい」「探し出して欲しい」などの意思は、人間が何らかの形で指示する必要があります（図1-11）。

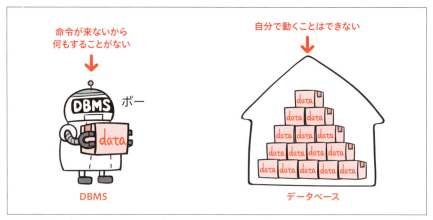

図1-11　命令が来ないと、DBMSもデータベースも動くことはない

---

5 PostgreSQL……　ポストグレスキューエル。通称ポスグレ。日本で人気のあるDBMS。
　MySQL …………　マイエスキューエル。世界的に大きなシェアを持つDBMS。

DBMSへの命令は誰がするのか？

それならば、DBMSへの命令はどのようにするのでしょうか。

基本的な考え方としては、なにがしかの形でDBMSに命令を送り込みます。人間が直接DBMSに命令を送り込むこともできますし、命令をプログラムに組み込んで送らせることもできます（図1-12）。

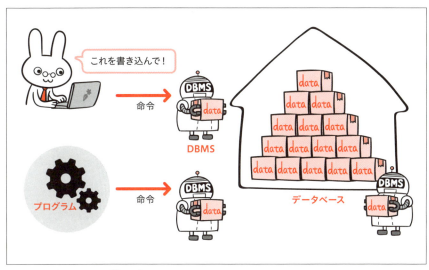

図1-12 命令をDBMSに送り込む

ただ、毎回人間がやっていては面倒ですし、無駄な作業です。そのため、データベースシステムでは、プログラムが自動的にDBMSに命令しているのです。

命令する言語はSQL

命令は、日本語で「お願いね」「頼むよ！」と言ったところで、DBMSは理解できません。DBMSが理解できる言語で命令する必要があります。その言語の一つが「**SQL**」です。

後述しますが、SQLは、DBMSの中でも「リレーショナル型」と呼ばれるDBMSに命令する時に使われる言語です。

SQLは、多少の方言はあれど、たいがいのリレーショナル型DBMSで共通なので、一度覚えてしまえば応用が利きやすいという特徴があります。

1-2-2 リレーショナル型DBと、非リレーショナル型DB

IT業界で働いている方であれば、「DBMS」という名前は知らないけど、「ポスグレ（PostgreSQLの通称）」や、「MySQL」、「オラクルDB（Oracle Database）」なら聞いたことがあるぞ！と思われたかもしれませんね。

DBMSは、複数のメーカーや団体が提供しており、製品の数としてはなんと100以上も存在しています。しかし、シェアが大きいのはそのうち10くらいなので安心してください。

データベースの種類には、**リレーショナルデータベース（RDB）**と、リレーショナル型ではない**NoSQL（非RDB）**があるのですが（図1-13）、「PostgreSQL」や「MySQL」「Oracle Database」など、よく話題に上がるDBMSのほとんどはリレーショナル型です。

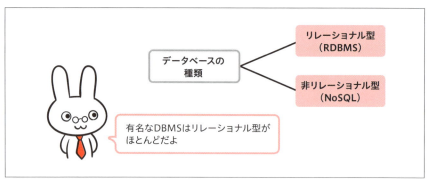

図1-13 データベースの種類

リレーショナル型と、非リレーショナル型の違いは、データの構造を細かく決めるかどうかです。

リレーショナル型は、住所録や電話帳のように表形式を取り、入れるデータの種類を細部まで設定するため、汎用性が高く、データを扱いや

すい反面、準備に時間がかかります。検索や抽出に強いのも特徴の一つです。命令には、SQLを使用します。

非リレーショナル型は、決めることが少ない分、データの構造をしっかり決めることなく素早く構築できます。また、構造が単純なので高速にアクセスできるのも特徴です。代表的な仕組みに**キーバリュー（Key-Value）型**や、**ドキュメント型**があります。SQLを使用しないため、「NoSQL」とも呼ばれます。

1-2-3 | リレーショナルデータベース（RDBMS）

このように、リレーショナル型のデータベースを操作するDBMSを特に**RDBMS（リレーショナルデータベースマネジメントシステム）**と呼びます。RDBMSには、商用・非商用含めて様々な種類があります（図1-14、表1-1）。

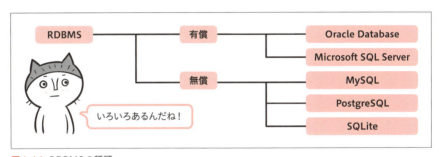

図1-14 RDBMSの種類

それぞれのソフトウェアの機能に大きな違いはありません。ただ、一部機能が違っていたり、速度重視なのか、安全性重視なのか、スケール化しやすいかどうかなど、得意とするものは若干違います。

これらのソフトウェアで特に有名なのは、「Oracle Database」「Microsoft SQL Server」「MySQL」「PostgreSQL」あたりでしょう。大規模なシステムの場合は、サポートを受けやすいことから有償のものを選ぶことが多く、小規模なシステムの場合は、コスト的なメリットから無償のものを選ぶことが多い傾向にあります。

名前	提供元	特徴
Microsoft SQL Server	マイクロソフト（有償）	マイクロソフト社が提供するデータベース。小規模なものからエンタープライズまで幅広く対応する。もともとはWindows Server用のソフトウェアであったが、今ではLinuxでも動作する
Oracle Dababase	オラクル（有償）	オラクル社が提供するデータベース。小規模なものからエンタープライズまで幅広く対応するデータベースであるが、金融業などで多く使われている。WindowsでもLinuxでも動作する
DB2	IBM（有償）	IBMが昔から提供しているデータベース。IBM社のソフトウェア製品と組み合わせて使うことが多く、単体で使われることは、あまりない
MySQL	オラクル（GPLまたは有償）	もともとはスウェーデンのMySQL AB社によって開発されたデータベースシステム。その後、サンマイクロシステムズ社（現オラクル社）に買収された。ブログシステムなどの小規模なものからショッピングサイトなどの大きなものまで幅広く使われており、オープンソースのRDBMSとして一番人気である
MariaDB	Monty Program Ab（GPL）	MySQLの開発者がスピンアウトして開発しているデータベース。機能はMySQLとほぼ同じ。ライセンスはGPLという違いがある
PostgreSQL	PostgreSQL Global Development Group（TPL）	1970年代に開発されたIngresというデータベースを先祖とするオープンソースのデータベース。MySQLと同様に、ブログシステムからショッピングサイトまで幅広く使われている

表1-1 様々なRDBMS

　データベースを管理する命令文であるSQLは、国際規格であるため、ソフトウェアごとの方言はあるものの、一つのRDBMSに精通していれば、他のRDBMSもなんとなく操作できる傾向にあります。

　ですから、どのRDBMSを選ぶのかは、そのデータベースを使った実績があるかどうかの他、社内の事情であったり、作成者の好みであったりする部分も大きいです。

1-2-4 非リレーショナルデータベース（NoSQL）

　RDBMSは、データを表形式で表現できて汎用性が高いのが特徴ですが、データの構造によっては、十分なパフォーマンスが出ない場合もあります。また、決めなければならないことも多いため、構築に時間がかかってしまいます。

　そこでデータの種類によっては、リレーショナル型ではない形式のデータベースも使われます。これらをまとめて「非リレーショナル型DB」もしくは「NoSQL」と呼びます（図1-15）。

　NoSQLとひとまとめに呼ぶものの、「リレーショナル型ではないデータベースの形式」をすべてNoSQLと呼ぶため、特徴はバラバラです。

　NoSQLと名前が付いているとおり、リレーショナル型DBMSに命令する時に使うSQLも使用しません[6]。ですから、それぞれの特徴を大まかに掴んでおくと良いでしょう。

　NoSQLの主な形式としては、「キーバリューストア型」と「ドキュメント型」があり、有償のものも無償のものもあります。

　どちらもリレーショナル型と違って、入れるデータの形式を細かく定義する必要がなく、整然としていないデータも保存できるのが特徴です。

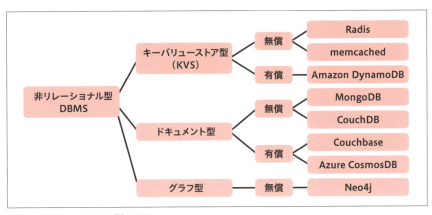

図1-15　非リレーショナル型DBMS

---

[6] 最近のトレンドとしては、SQLや似たものを使えるものもあります。

○ キーバリューストア型（Key Value Store）

キーバリューストア、略してKVSとも表記されます。データの書式は問わず、そのデータに対して、何か「キー」となる値を結びつけて格納する方式です。

キーというのは、データを見つけやすくするラベルのことです。

簡単に説明すれば、顧客の「氏名」「電話」「住所」などのデータをひとまとめの箱とした場合、その箱に「顧客番号」というキーを付けて保存します。すると、顧客番号を指定すればデータを見つけられるわけです。

リレーショナル型と違い、顧客に結びつけるデータは後で増減できます。例えば、後から「メールアドレス」「携帯電話」などのデータを追加することも可能です。

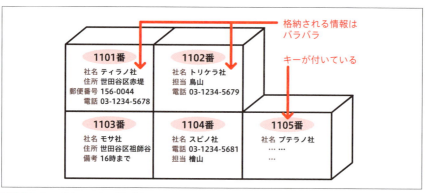

図1-16 キーバリューストア型の例

反面、なんでもかんでもデータとして放り込んでいるだけなので、柔軟な検索ができません。標準では、キーを使ったデータの特定しかできないので、「住所が東京都であるもの全部」「電話を登録しているもの全部」など、箱を開けてデータを調査しないといけないようなことはできません[7]。

---

[7] あらかじめ検索したい項目に「インデックス」という値を設定しておけば検索できるようになりますが、大小関係や等しいぐらいの条件取得しかできず、SQLのような柔軟な検索はできません。

その代わり、データへのアクセスがとても高速で、作るのも早いです。

そのため、ネットワークゲームのプレーヤー情報の保存やアプリケーションの設定値の保存のように、キーやインデックスでの取り出しと相性が良く、高速性が求められるデータの管理に使用されます。

● ドキュメント型

保存するデータ構造が自由なデータベースです。JSON形式[8]やXML形式でデータを保存できます。保存したデータに対して、どの程度の加工や検索ができるのかは、データベース製品に依存します。例えば、XML形式のものだと、XMLデータを検索するためのXPathと呼ばれる方式などの問い合わせ構文を使ってデータを検索できます。リレーショナル型と同じようにSQLに似た構文で操作できるものもあります。

そのため、データの書式がそれぞれ大きく違うデータを保存する場面に便利です。ドキュメント型と言われるように、定形・不定形問わずドキュメントを保存したい場面で適しています。企業内の資料をデータベース化する時などに使われています。

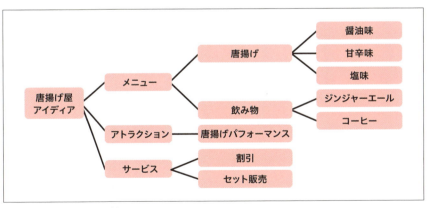

図1-17 ドキュメント型の例

---

[8] JSON形式 ……… JavaScriptのオブジェクト表記でデータを表現する形式。「[」や「]」、「{」や「}」で囲んで表現する。
　XML方式 ……… XML方式…「<」と「>」で囲んだタグでデータの意味を表現する形式。

名前	提供元	特徴
Radis	Radis Labs	オープンソースのメモリ型のKVS。デフォルトでは、データはメモリに保存されるため永続化されず、保存容量にも制限がある。高速に処理できるが並列処理はできない。C言語で書かれており、様々なシステムに組み込んで利用できる
memcached	Danga Interactive	オープンソースのメモリ型のKVS。汎用性があり、様々なシステムに組み込んで利用できる。データを一時的にキャッシュする目的でよく使われる
Cloud Datastore	Google	Googleのクラウドサービスで提供されるKVS。NoSQLでありながらSQLに似た文法を使用。トランザクションに対応している
Amazon DynamoDB	AWS	AWSのクラウドサービスで提供されるKVS。保存した内容はストレージに保存され永続化できる
MongoDB	MongoDB, Inc.	オープンソースのドキュメント型DB。ドキュメント型の中で大きなシェアを占める。商用版もある
CouchDB	Apache Software Foundation	オープンソースのドキュメント型DB。MongoDBに比べてデータの読み取り性能に重点が置かれている。商用版もある
Couchbase	Couchbase, Inc.	オープンソースのドキュメント型DB。memcachedとCouchDBを組み合わせている。SQLに似た文法を使用
Azure CosmosDB	マイクロソフト	Azureのクラウドサービスで提供されるドキュメント型DB。SQLやMongoDBと同じAPIでアクセスできる
Neo4j	Neo Technology	オープンソースとして提供されているグラフ型のNoSQLデータベース。グラフ構造を取るデータの保存ができる。複雑なツリー構造のデータを保存する時に使われる

表1-2 非リレーショナル型の種類

Chapter1 データベースって何だろう？

3 データベースをどう使うのか

じゃあ、今見てるこのブログも、データベースが使われていたのか……。

その通り。その他、データベースを使うことで色々なメリットもあるよ。

● 1-3-1 | データベースを使ったシステム

　データベースシステムは、データベース本体、DBMS、命令をするプログラムの三位一体であるということはお話ししました。

　データベースはデータの集合体でしかなく、DBMSはデータベースを操作するだけの存在なので、実際に命令するのはプログラムの役割です。データベースシステムには、これらの他に、入力する画面や、出力する画面が必要になるのですが、それらもプログラムが担当[9]します。

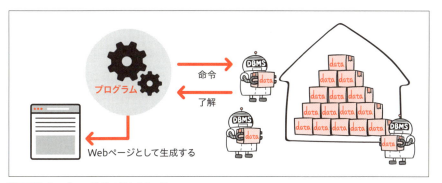

図1-18　ウェブページができるイメージ

9　簡易的に「プログラム」と表現していますが、システムは複数のプログラムで構成されることが多いです。

例えばブログシステムの場合、データはデータベースの形で保存され、ブログのプログラムの呼び出しに応じて、DBMSが該当するデータを渡しています。それをブログのシステムがブラウザで表示できる形にして閲覧者に渡します。

書き込む場合も同じです。ブログのプログラムから渡されたデータを、DBMSがデータベースに書き込みます（図1-19）。

つまり、「データベースを使うのに、プログラムが必要」というよりは、「プログラムで使うデータを、データベースにすると便利」と考えた方が、わかりやすいかもしれません。

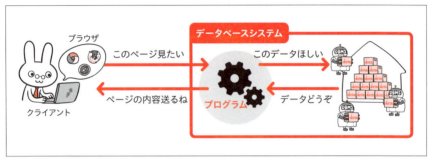

図1-19 ウェブページができるイメージ

データベースに保存した情報は、条件に合うものだけを取り出したり、並べ替えたりできるので、月ごとの記事一覧を新着で表示したり、記事検索などができます。

ブログシステムだけでなく、SNSや検索サイト、ショッピングサイトなどでもデータベースは使われています。一見全く違うもののように見えますが、それは見かけのデザインが違っていたり、プログラムによって機能が違うだけで、データベース自体が大きく違うわけではありません。

また、ウェブ上のサービスだけでなく、テレビとセットで使うDVDレコーダーや病院のカルテ、ICカードなどにもデータベースが組み込まれています。

これらもやはり、プログラム＋データベースという構造は同じです。

ICカードなどは、複雑なことをしているように感じるかもしれませんが、「自分はこのICカードです」というデータの入力を、タッチ式で行っているだけで、入力されたデータの処理は、ウェブサービスなどと同じようなものです（図1-20）。

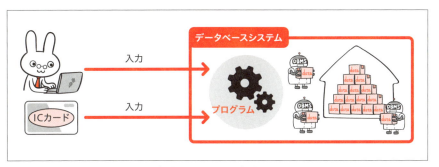

図1-20　ICカードなどハードウェアが関係するシステムも基本は同じ

1-3-2 | データベースを置く場所

データベース、DBMS、プログラムの関係はわかったものの、そもそも、それらはどこに置くのだろう？と疑問に思う頃かと思います。

データベースを使ったシステムの多くは、サーバにDBMSをインストールし、DBMSが同じサーバ内にデータ保存していく（これがデータベースとなる）ことが多いです。DBMSに命令をするプログラムも小さいシステムの場合は同じサーバに置くケースがほとんどでしょう。小さいシステムは、たくさんのサーバを用意しないため、一つにすべてを入れてしまうことが多いのです。

逆に大きなシステムの場合は、プログラムとデータベースを別々のサーバにするだけでなく、データベースを分割して複数のサーバに置くこともあります。

とりあえず、一つのサーバにまとめてもよいし、分割してもよいと覚えておいて下さい。

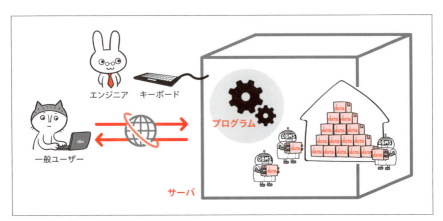

図1-21 データベースはどこにある？

　エンジニアがサーバに置いたシステムを操作する場合は、サーバに直接キーボードやマウスをつなぐこともありますが、一般ユーザーがシステムを使うには、インターネットを経由して別のパソコンからアクセスします（図1-21）。
　SNSやブログも、自分のパソコンやスマホから、サーバにアクセスして使いますね。

　なお、「データベースを操作する」「データベースに保存する」と慣例的に言うため、「データベース」という何かがあるような気がしますが、実際はただのファイルです。データベースを作成すると、DBMSがサーバ内のどこかにファイルやディレクトリを作り、管理します。

Column

ネットワーク型のデータベースとファイル型のデータベース

　データベースには、大きく、ネットワーク型のものとファイル型のものがあります。ネットワーク型のものはサーバにあらかじめインストールしておき、それを実行して利用するものです。ほとんどのRDBMS製品は、ネットワーク型です。

　それに対してファイル型のものは、一つのデータベースが一つのファイルとして構成されています。そのため、データベースサーバをインストールすることなく、ライブラリを通じて読み書きするだけでデータベース処理できます。データベースで作成されたファイルを別のコンピュータに、単純にコピーしても、そのデータをそのまま使えます。ファイル型の代表としては「SQLite」と「Microsoft Access」が有名です。

図1-22 ファイル型の代表的なものの一つ、Microsoft Access

　特に「Microsoft Access」は、ユーザーインターフェース（UI）があるのも大きな特徴の一つでしょう。通常データベースは、データの保管庫としての機能しかないのですが、「Microsoft Access」は、命令するプログラムや、データを入力する画面を持っているので、それだけで完結する仕組みです。

　このような特徴があるため、ファイル型のデータベースは小さなデータで、かつ、複数のユーザーが同時にアクセスしない性質のもの、例えば、個人の環境情報や受信メールの保存などに使われます。

● 1-3-3 データベース使用のメリット

　データベースを使うのに、データベースだけでなく、DBMSとプログラムが必要である、などと言うと、なんだか面倒に感じるかもしれません。しかし、このように、三つに分かれていることで大きなメリットがあります（図1-23）。

　まず一つは、プログラムとデータベースが分かれていることで、データベースだけのバックアップができることです。

　そのため、データだけを確実にバックアップできますし、各種データベース向けのバックアップツールを使って効率よくバックアップできます。上手に作れば、プログラムとDBMSを変更しても、そのままデータベースを使用することができます。

　もちろん、作り方によっては、複数のプログラムから同じデータベースを読み書きすることも可能です。

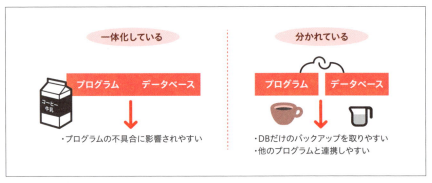

図1-23　プログラムとデータベースを分けるメリット

　もう一つは、プログラムの不具合に左右されづらいということです。データベースが別であれば、万が一プログラムが壊れてしまっても、巻き込まれづらい傾向にあります。

　大きなシステムを作成する場合には、このような仕組みが欠かせないのです。

Column

データベースの歴史

　アラン・チューリングがエニグマを解読してから半世紀以上経ち、いわゆる「ベテランのプログラマ」たちも、還暦を迎える年になってきました。つまり、それだけ「コンピュータの歴史」が作られてきたのです。

　そのため、会社の中でも、50代のエンジニアと30代のエンジニアでは、言うことが違っていたり、このような技術関連の書籍でも、扱う内容が広くなってきました。"世代格差"です。最近ではNoSQLのシェアも広がり、ますますデータベースの考え方は多様化しています。これからも変わり続けるでしょう。自分が、その歴史の一部であることを考えると不思議な感じがしますね。

　せっかくデータベースについて学ぶのですから、そろそろ「データベースの歴史」について、簡単に振り返ってみましょう。

　データベースは、1960年代にデータを効率的に管理するために生まれました。当時はまだ「パソコン」ではなく「汎用機」と呼ばれる大型コンピュータでした。

　登場した当時のデータベースは、いわゆる「階層型データベース」や「ネットワーク型データベース」と呼ばれるもので、データを階層的に表現することで、目的のデータを探しやすくしたものに過ぎませんでした。

　こうした階層型データベースやネットワーク型データベースは、最初に親子の結合をプログラムで決める必要があり、違ったデータ構造を取る時はプログラムの作り直しとなり、今のように汎用的ではなく、プログラミングの要素が多く扱いづらいものでした。

　ところが、1969年にIBMのエドガー・F・コッド博士が、リレーショナルデータベースに関する論文を発表したあたりから状況が変わってきます。初めはIBMに無視された博士の論文でしたが、親子関係の表現を後から自在に変更できる柔軟性を持ち、汎用的に

扱えるため、80年代には随分広まりました。このリレーショナルデータベースは、IBMのSystem Rというシステムに実装され、その時にリレーショナルデータベースを扱う言語として登場したのがSEQUEL言語（現在のSQL言語）です。

しかし、90年代になってくると、データベースの使われ方も広がり、リレーショナルデータベースの限界も取り沙汰されるようになりました。そこでカルロ・ストロッツィ氏が提唱したのが「NoSQL（非リレーショナル型DB）」です。このNoSQLと言う言葉を皮切りに、非リレーショナル型のSQLが次々と登場していきます。

図1-24　エドガー・F・コッド博士

Chapter2
リレーショナルデータベースを知ろう

―リレーショナルデータベースの特徴と構造

2-1 リレーショナルデータベースの特徴
2-2 リレーショナルデータベースの関連性と拡張性
2-3 プログラム・非リレーショナル型との違い
2-4 リレーショナルデータベースの構造
2-5 データの置き場所を整えよう
2-6 データの繰り返しと重複を防ぐ

データベースと言えば、多くの人が思い浮かべるのがリレーショナルデータベースです。代表的なDBMSはすべてリレーショナル型と言っても過言ではありません。リレーショナルデータベースは、データベースの基本ですから、まずはここから学習していきましょう。

Chapter2 リレーショナルデータベースを知ろう

1 リレーショナルデータベースの特徴

表形式って、Excelとはどう違うの？

データベースなら、できることが増えるよ。ポイントは二つ、"関連性"と"拡張性"なんだ。

● 2-1-1 ｜ リレーショナルデータベースとは

　データベースの中で最もよく使われているものが、リレーショナル型のデータベース（**リレーショナルデータベース**、RDB）です。データベースと言えばリレーショナルデータベースを指すといっても過言ではありません。1章で紹介した「Oracle Database」「Microsoft SQL Server」「MySQL」「PostgreSQL」といった有名なDBMSを使用しているデータベースは、すべて「リレーショナルデータベース」なのです。最近では非リレーショナル型のデータベースも増えてきていますが、データベースとして最初に触れることになるものはリレーショナル型でしょうから、まずはここから勉強を始めていきましょう。

　リレーショナルデータベースは、一言でいうと「**表**」形式のデータベースです。住所録や売上台帳など、項目や形式がしっかり決まっているデータを管理するのに便利です。世の中に存在する大概の書類は表形式になっているので、会社にあるほとんどの書類が該当することでしょう（図2-1）。つまり、身の回りのほとんどの情報はリレーショナルデータベースにできるということです。

リレーショナルデータベースの特徴

住所録

ID	社名	都道府県	住所	郵便番号	電話番号
1101	ティラノ社	東京都	世田谷区赤堤	156-0044	03-1234-5678
1102	トリケラ社	東京都	世田谷区桜丘	156-0054	03-1234-5679
1103	モサ社	東京都	世田		
1104	スピノ社	東京都	大田		
1105	プテラノ社	東京都	目黒		
1106	ステゴ社	東京都	目黒		
1107	ギガノト社	東京都	品川		
1108	ヴェロキラ社	東京都	品川		
1109	ブラキオ社	大阪府	泉大		
1110	アロ社	大阪府	泉大		
1111	ケツアル社	大阪府	泉		
1112	イグアノ社	大阪府	泉		
1113	イクチオ社	大阪府	大阪		
1114	プテロダク社	大阪府	大阪		
1115	プロトケラ社	愛知県	岡崎		
1116	パラサウロ社	愛知県	名古		
1117	トロ社	愛知県	名古		

月間売上

日付	注文番号	会社	商品	数	分類
2018年9月4日	2018090001	1101	赤ペン	1箱	ペン
2018年9月4日	2018090002	1103	青ペン	1箱	ペン
2018年9月4日	2018090003	1113	赤ペン	2箱	ペン
2018年9月4日	2018090004	1106	黄ペン	3箱	ペン
2018年9月7日	2018090005	1104	万年筆B	1箱	万年筆
2018年9月8日	2018090006	1101	赤ペン	5箱	ペン
2018年9月8日	2018090007	1103	青ペン	1箱	ペン
2018年9月9日	2018090008	1102	赤ペン	3箱	ペン
2018年9月11日	2018090009	1101	赤ペン	1箱	ペン
2018年9月11日	2018090010	1103	万年筆A	1箱	万年筆
2018年9月11日	2018090011	1113	万年筆B	1箱	万年筆
2018年9月13日	2018090012	1101	黄ペン	3箱	ペン
2018年9月14日	2018090013	1103	黄ペン	1箱	ペン

図2-1 取引先の住所録や月間売上など、世の中の書類の多くが「表」の形でできている

2-1-2 リレーショナルデータベースとExcelとの違い

　表と言えば、何か思い出しませんか？ そう、Excelです。リレーショナル型のデータベースシステムで扱うデータは表形式なので、一見するとExcelで作るものによく似ています。

　Excelなら既にパソコンに入っていますし、みんな使い慣れているから、Excelでいいのでは？ などと思う人もいるかもしれません。今、会社に存在する書類も、多くがExcelで作られていることでしょう。図2-1にあるような書類も、Excelで作っている会社が多いのではないでしょうか。

　ではデータベースとExcelはどう違うのでしょう。実は、Excelの方が優れている面もあります。例えば、Excelの場合は起動すればすぐに入力することができます。プリントアウトもボタン一つです。Excel以外でも、何らかの表計算ソフトは会社で使われているためわざわざ購入する必要もなく、使い方を知っている人も多いでしょう。

一方データベースシステムでは、入力する画面や出力の形式を別にプログラムで作らなければなりません。1章でもお話ししたとおり、データベースは「ただのデータ」であり、Oracle DatabaseやMySQLなどのRDBMSは「ただ実行するだけの存在」です。誰かが入出力の画面を用意する必要があります。

　入出力の画面は、社内でプログラミングできる人が居なければ、システム開発会社に作成を依頼しなくてはなりません。費用もかかりますし、仕様だのサーバだのを決めたりと、なんだか面倒で大掛かりな感じになってきます。一応は入出力画面がなくても、コマンドラインツールなどのいわゆる"黒い画面"上で入力したり、テキストとして表示させることはできますが、プログラマ以外の人が普段使うのは現実的ではありませんし、高いハードルとなることでしょう。やはり発注するしか手はないようです。

Excel（表計算ソフト）	データベースシステム
起動すればすぐに入力可能	入力画面を作らなくてはならない
プリントアウトも即可能	プリントアウトの仕組みを作らなくてはならない
みんなが使い方を知っている	専門家が必要

表2-1　Excelのメリット

　このように話すと、面倒で費用がかかるだけで、データベースを使う理由がないようにも見えます。しかし、ここで使うのを諦めてしまうのは早計です。データベースが世の中で使われているのは、優れたメリットがあるからです。

　では、データベースシステムのメリットとは何でしょうか。

● 2-1-3 ┃ リレーショナルデータベースの利点

　Excelとデータベースシステムとの大きな違いは、**関連性**（リレーション）と**拡張性**です。

リレーショナルデータベースの特徴

データベースでは、図2-2のように「表」と「表」が関連しあっています。たしかに、一つだけの表であればExcelの方が便利なのですが、連携するものとなると、データベースの方が圧倒的に優れています。連携してこそ、はじめてデータベースは実力を発揮するのです。

逆に言えば、**複数の表が関連しあわないようなデータは、データベースで作ってもあまりメリットがありません。**会社に一つしか表がないのであれば、それはExcelに任せてよいでしょう。

関連性

表と表が関連しあうことを「**リレーション（Relation）**[1]」と言います。「リレーショナルデータベース」は、ここから付いた名前です。詳しくは後述しますが、別々の表でありながら、関連しあい、一元的なものとしてすべてのデータを管理することで、データの重複や間違いが起こりにくくなります。つまり、Excelは一つずつバラバラのファイルですが、データベースは複数の表をひとかたまりとして扱えるということです。

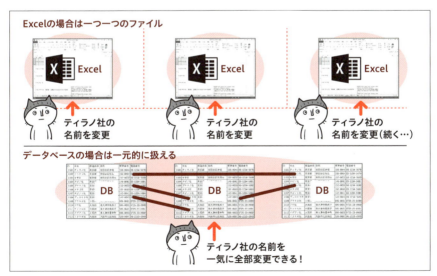

図2-2 Excelの場合は一つ一つの独立したファイルとして扱うが、データベースの場合は一元的に扱える

---

[1] リレーションは「関連」という意味の名詞。リレーションの形容詞形がリレーショナル。

ですから、**Excelのように別々のファイルに何度も同じ内容を入力したり、変更したりする必要がありません**。きちんと作られたデータベースならば、一つを変えれば、同じ内容のすべての項目を変更できます。仕事をしているとよく行き当たる「全部同じなんだから、自動で入力・変更してくれれば良いのに……」が可能ということです。

また、一元化されることで検索もしやすくなります。一つ一つのフォルダやファイルを何度も開いたり閉じたりしなくても、簡単に探せます。

一言で言えば、データが扱いやすくなり、入力や管理の負担が減ります。これが、データベースの「関連性」です。

○ 拡張性

データベースは単独では使いづらい代わりに、プログラムと組み合わせることで使いやすくなります。プログラムと組み合わさった時こそが、真の姿と言っても過言ではありません。

Excelのような一つのソフトウェアは、多少他のものと連携できると言っても限りがあります。しかし、データベースならプログラムと組み合わせられるので、プログラムで実現できるほとんどのことができるようになります。

例えば、表の入力画面ではなく、自由な形式やボタンで簡単に入力できたり、QRコードやバーコードの利用、出力としては、特定の内容だけの表示や特殊なデバイスへの表示など、様々な方法を選択できます。表ではない入出力方法や運用が可能になるのです。

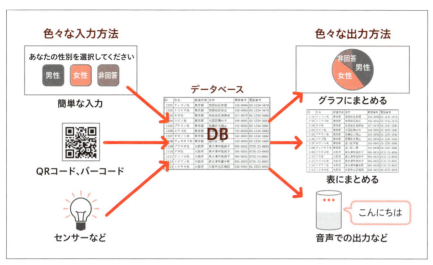

図2-3 色々な入力と出力の可能性が広がる

　さらに、別のテクノロジーやハードウェア、高度なプログラムなどと組み合わせることによって、高い機能を持たせることができます。インターネットとモノを組み合わせてIoTを実現するなど、可能性は無限です。

　作るのは手間がかかりますが、使いやすいものから複雑で高度なものまで展開できる、これが、データベースの「拡張性」です。

Excel（表計算ソフト）	データベースシステム
誰もがExcelを使えるわけではない	誰でも簡単に入力できるような画面を用意できる
Excelでできることしかできない	プログラムでできることは実現できる
個別に管理する	一元的に管理できる

表2-2 データベースシステムのメリット

Chapter2 リレーショナルデータベースを知ろう

2 リレーショナルデータベースの関連性と拡張性

データベースがすごいことはわかったんだけど、結局どうすごいの？

そうだよね。関連性と拡張性について、もっと具体的な話をしていこう。

● 2-2-1 | 関連性、リレーショナルなデータベース

　前項では、リレーショナルデータベースの「関連性」と「拡張性」について説明しましたが、いきなり「関連しあう」「拡張しやすい」と言われても、ピンと来ないかもしれませんね。それでは、もう少し具体的な例で考えてみましょう。

　例えば、あなたは文房具を作る会社に勤めていて、自社の商品を文房具屋さんに売っているとします。注文を受けたら、注文の個数、文房具屋さんの名前、住所を表に記録していきます。そしてこの表を見ながら、発送する商品を準備したり、月末に請求書を書きます。

　注文は色々な文房具屋さんから来て、同じ文房具屋さんから月に何度も受注することもあります。それなのに注文の度に文房具屋さんの住所までいちいち書くのは面倒ですし、書き間違えることもあるかもしれません（図2-4）。

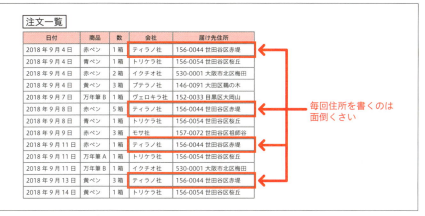

図2-4 注文を受けるたびに、毎回会社の住所まで書くのは面倒

　そもそも請求書では、どの会社がいつ何をどのくらい注文したかという情報は必要ですが、その会社の住所という情報は毎回の注文で必要ではなく、どこか一つの行に書いてあれば十分です。

　なんとか、より簡単に書く方法はないでしょうか。ここで考えられるのは、「9月4日に、ティラノ文具店から赤ペン1箱」の注文があったことだけを記載して、ティラノ文具店の住所は別の住所録で確認する方法です（図2-5）。

図2-5 このように住所録を別に用意すれば、書類は2つに増えましたが、より簡単に記録できる

　この方法で請求書を書けば、二つの書類を見るという面倒はありますが、何度も同じことを書かなくて済みます。これをシステムで行うのが

データベースの「関連性」というわけです。注文の表にある社名と、住所録の社名とを結びつけ、他の表に存在するデータはそちらを参照することで、注文の表に無駄なデータを書くことを防げます。

これは、リレーショナルデータベースシステム設計の特徴の一つで、一つの表の中や、連携する他の表と内容が重複しないように表を作ります。本章の6で説明しますが、重複しないように表を分けることを「**正規化(せいきか)**」と言います。

2-2-2 拡張性、プログラムとデータベース

次に拡張性の例です。データベースは、プログラムと組み合わせてシステムを構築しやすくなっています。そのため、データベースを使用した様々なソフトウェアを開発することができます。

プログラム側からは、データベースに命令するための言語である「SQL」を使えば、データベースを簡単に操作することができます。しかもSQLは、多少の方言はあってもほとんどのRDBMSで共通するため、プログラマ側の負担は少しで済むわけです。

そのため最近では、ある程度以上の規模のシステムは、ほとんどがプログラムとデータベースの組み合わせで作られています。こうしたシステムでは、入力や出力の部分をプログラムが担い、データの保存にデータベースが使用されます。プログラム側は、入力された内容をデータベースに書き込んだり、使いたいデータをデータベースから出してもらって使います。

例えばSNSやブログで、ユーザーが記事を書いて投稿(保存)ボタンを押せば、プログラムは記事本文などのデータ部分をデータベースに書き込みます。削除ボタンを押せば、それに応じてデータを削除します(図2-6)。

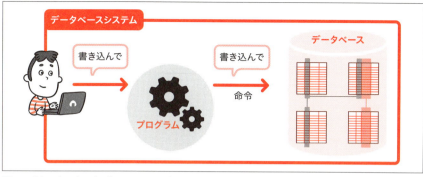

図2-6 例えば、ブログの管理画面にログインして新規投稿画面で記事を書き、投稿ボタンを押すと、プログラムがSQLを使って記事の内容をデータベースに書き込む

　記事を投稿するのとは逆に、記事を見る場合はどうでしょうか。ブラウザでブログ記事などのページを閲覧した場合は、プログラムがページを構成するテキストや画像といったデータをデータベースから取り出してユーザーに送ります。それによって、ユーザーはページが見られるというわけです（図2-7）。

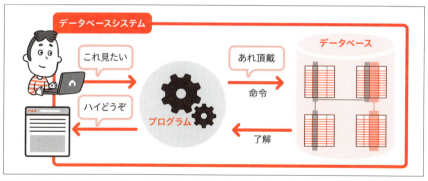

図2-7 ブログの記事を読む時は、プログラムが記事を構成するデータをデータベースから呼び出してブラウザに表示する

　このように、プログラムはユーザーの動作に従ってあらかじめ決められた（プログラミングされた）動作をします。その一つが記事のデータベースへの書き込みや削除、取り出しなのです。
　また、それらのシステムの多くは、複数の入力画面と複数の出力画面を持っています。例えば、SNSやブログで、自分のページのデザイン

を決めるページと、記事を書くページとは違います。つまり、一つのユーザーサイトに対して、入力画面が複数あるわけです（図2-8）。

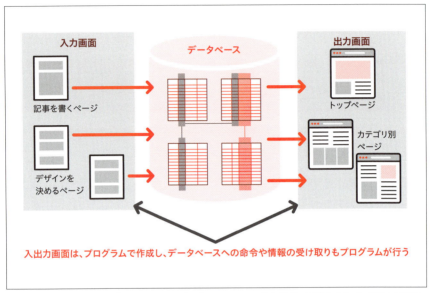

図2-8　入出力画面はプログラムで作成し、データベースへの命令や情報の受け取りもプログラムが行う

　出力も同じです。トップページのような最新のものが表示されるページもあれば、タグやカテゴリによって、並び替えられたページもあります。このように近頃のシステムの多くは、複数の入力画面と複数の出力画面を持っているのです。

　これに対応するデータベースの表は、一つとは限りません。複数の表に分散して書き込まれたり、複数の表からデータを取り出して組み合わせたものを表示させることも可能です。

　先ほどの文房具屋さんの例であれば、注文の一覧と、住所録の2つに情報が分かれていると、請求書を出す時に両方の表を見なければなりません。

　しかし、ここにプログラムが加われば、自動的に両方の表から必要な情報を取り出し、組み合わせて請求書を作ることができます（図2-9）。

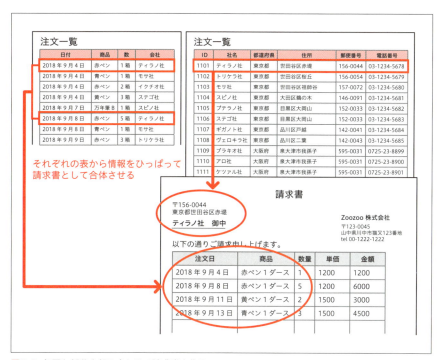

図2-9 必要な部分を組み合わせて請求書を作る

　もちろん、請求書だけでなく、注文一覧からリピート注文が多い顧客を検索して、その顧客へダイレクトメールを送るために住所録を使ったり、注文と在庫と生産を連動させるなど、複数の入力画面、データベース、出力画面を組み合わせた機能を作ることができます。

　どうでしょう、一気に便利な話になってきたと思いませんか。データベースとプログラムがタッグを組むことで、できることが広がっていくのです。

　先ほどの請求書の例は、どちらかと言えばシンプルなたとえですが、プログラムと組み合わせるとかなり複雑なことも自動でできるようになります。入力画面・出力画面も好きなように作れますから、例えば、パソコンに慣れていない人でも入力しやすいシステムや、おしゃれでかっこいい出力画面などにすることも可能というわけです。

2-2-3 その他のリレーショナルデータベースの特徴

リレーショナルデータベースは、他にも優れた特徴があります。

例えば、Excelの場合は保存できるデータ量に制限がありますが、データベースシステムの場合、ほぼ無制限です。一つの会社の社内で使う程度であればExcelでも対応できるかもしれませんが、巨大なシステムを作ろうとした場合はどうしても限界があります。

また、検索やフィルタ（絞り込み）に強く、大量のデータであっても「インデックス」（4章参照）という機能を使うことで、検索速度を速くする仕組みもあります。

データを正しく保つことも得意です。正しくない形式のデータを書き込み（格納）できないようにする保護機能や、データの書き込みが、途中で止まってしまって、不完全な状態になることを防ぐ「トランザクション（4章参照）」の機能もあるなど、正しく保ちやすくなっています。

他にも、バックアップを取ったり、複数のユーザーからアクセスしやすかったりと、「リレーショナルデータベースだからこそ行いやすいこと」は多くあります。

データベースのメリット

- データを一元的に扱うことができる
- 大量のデータを扱いやすい
- 様々な入力画面や出力画面と組み合わせることができる
- 扱うデータの量は無制限である
- 別のテクノロジーやハードウェア、高度なプログラムと組み合わせられる
- データを正しく保ちやすい
- 検索やフィルタに強い

図2-10 リレーショナルデータベースのメリットまとめ

Chapter2 リレーショナルデータベースを知ろう

3 プログラム・非リレーショナル型との違い

なるほど。DBMSは便利だね。でも、プログラムだけでシステムを作ったらダメなの？

DBMSはデータを扱う専門業者といったところだよ。やっぱり、専門の人に任せると楽ちんだよ。

2-3-1 プログラムだけでシステムを作ったらどうなるか

　先ほどはExcelと比較しましたが、では、データベースを一切使わずプログラムだけで作るシステムは考えられないのでしょうか。

　まずシステムである限り、大量のデータを扱うことは前提条件です。つまりそこには、データベース（＝データのかたまり）があるということです。ですから、「データベースのないシステム」は、ほぼ存在しないと言って良いでしょう。ただ、「DBMS」を使わないシステムは存在します。DBMSと言っても、ソフトウェアの一つに過ぎないので、それを使わないという選択肢はあるわけです。とは言ってもこれもあまり現実的ではありません。

　プログラムからすると、DBMSは、「外注さん」のようなものです。餅は餅屋と言うとおり、データを扱うのはデータベースの得意とするところなのです。プログラムだけでやるには工数がかかってしまうので、専門の外注さんに丸投げしてお願いするというわけです。

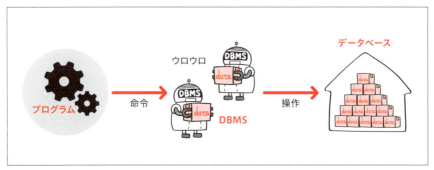

図2-11 DBMSを使ったシステム

　もしDBMSを使わない場合は、DBMSが担当している内容をそのまま作ることになります。つまり、ソフトウェアを一つ開発するのと同じです。

　既存のDBMSを中継させれば、SQL文一行で済むようなことも、500行も1000行もコードを書くはめになります。複雑な命令なら尚更行数は増えますし、何かバグがあった場合には、メンテナンスもしなければなりません。

　それには、大量の費用も手間もかかります。

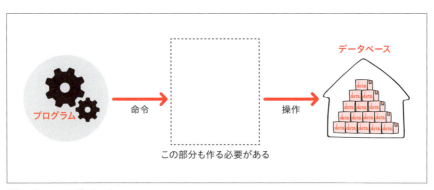

図2-12 DBMSがいないと……

　何にでも、例外というものはあるので、どうしてもDBMSを使えない、使わない方が良いケースはあるでしょうが、このように、通常のデータベースシステムであれば、使った方が良いようです。

2-3-2 非リレーショナルデータベースとの違い

　非リレーショナル型とも比較をしてみましょう。

　最近では、「非リレーショナル型」のデータベースも増えてきています。それは、データベースを「表」ではなく、「データの格納庫」として使う場合に、非リレーショナル型の方が上手くいくこともあるからです。

　リレーショナル型と、非リレーショナル型の違いは、言ってしまえば、リレーションしているかどうかです。つまり、非リレーショナル型は、表に分かれていません。システムによっては、表にするには手間がかかるようなデータを扱ったり、とにかく格納するだけの用途でしかデータベースを使わないケースもあります。

　よく使われる例としては、ブラウザゲームやスマホゲームのような、インターネットに接続して遊ぶゲームの場合、非リレーショナル型のデータベースが使われることが多いです。非リレーショナルのほうが、高速で雑多なデータを集められるからです。

　リレーショナル型にも、非リレーショナル型にも得意不得意があります。それぞれの特徴を見定めて、ケースによって使い分けると、パフォーマンス向上につながるでしょう。

> **Column**
>
> ### NoSQLのおすすめ書籍
>
>
>
> **「RDB技術者のためのNoSQLガイド」**
>
> 秀和システム　渡部徹太郎 他 (著)
>
> 初心者には少し難しいですが、NoSQLについてはこの書籍が詳しいです。データベースに慣れてきたら読んでみると良いでしょう。

Chapter2 リレーショナルデータベースを知ろう

4 リレーショナルデータベースの構造

ふうん。でも実際、中はどうなってるの？

じゃあ、リレーショナルデータベースの中身をのぞいてみようか。

● 2-4-1 | リレーショナルデータベースの構造

　リレーショナルデータベースの特徴がわかってきたところで、次は中身について話していきましょう。

　今まで、話をわかりやすくするために「表が」「表と表が」……などと、「表」についてお話ししてきましたが、実は、データベースでは表のことを「**テーブル**（table）」と呼びます。

　また、テーブルに含まれる一組のデータは、「**レコード**（record＝記録）」や「**行**（ぎょう）」と呼びます。例えば、「2018年9月4日　ティラノ社　赤ペン1箱」や、「ティラノ社　156-0044　東京都世田谷区赤堤　03-1234-5678」のような一つのことに関するデータがレコード（行）です。「ティラノ社」「156-0044」などの一つずつの内容は「**値**（あたい）」と呼びます。

　「日付」「社名」「商品」のような項目にも名前があります。「**カラム**（column）」もしくは「**フィールド**（field）」です。単に「**列**（れつ）」と呼ぶこともあります。項目に付けた名前（項目名）は、「カラム名」「フィールド名」「列名」と言います。

　とりあえず、「テーブル（表）」は「レコード（データ）」の集まりで、項目のことは「カラム（列）」と呼ぶ、と覚えておいてください（図2-13, 表2-3）。

4 リレーショナルデータベースの構造

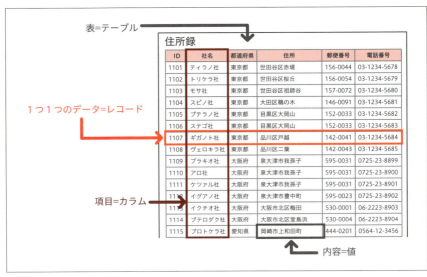

図2-13 レコード、テーブル、カラム、値

呼び方1	表	行	列	値
呼び方2	テーブル (table)	ロウ (row)	カラム (column)	バリュー (value)
呼び方3	リレーション (relation)	タプル (tuple)	属性＝アトリビュート (attribute)	属性値 (attribute value)
呼び方4	ファイル	レコード	フィールド	フィールド値

表2-3 システムや製品などによって、呼び名は異なる。値のことをフィールドと呼んだり、一つしか指さない、複数しか指さない場合もある。用語を勘違いしたままでは、ミスの原因になるので、最初にチームで用語の統一を図った方がよい

2-4-2 テーブルとデータベース

　実装方法やRDBMSの種類にもよりますが、一つのテーブルは、一つから1セットのファイルです。レコードはファイルの中に記録した順に書かれます。大雑把な言い方をすると、次々と改行無しで書かれていくようなイメージです（図2-14）。

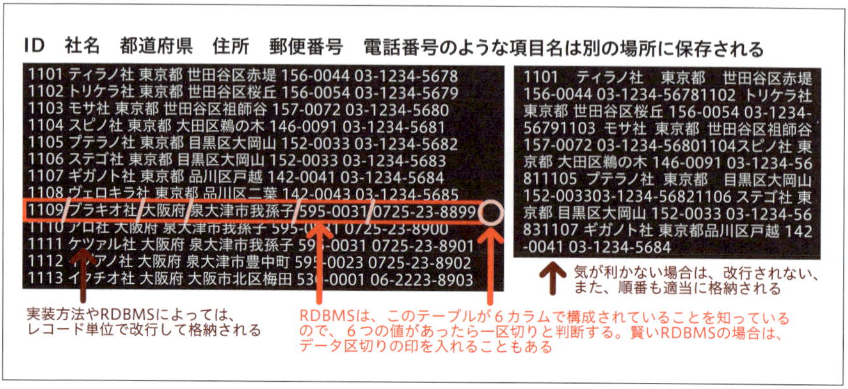

```
ID   社名   都道府県   住所   郵便番号   電話番号のような項目名は別の場所に保存される
1101 ティラノ社 東京都 世田谷区赤堤 156-0044 03-1234-5678
1102 トリケラ社 東京都 世田谷区桜丘 156-0054 03-1234-5679
1103 モサ社 東京都 世田谷区祖師谷 157-0072 03-1234-5680
1104 スピノ社 東京都 大田区鵜の木 146-0091 03-1234-5681
1105 プテラノ社 東京都 目黒区大岡山 152-0033 03-1234-5682
1106 ステゴ社 東京都 目黒区大岡山 152-0033 03-1234-5683
1107 ギガノト社 東京都 品川区戸越 142-0041 03-1234-5684
1108 ヴェロキラ社 東京都 品川区二葉 142-0043 03-1234-5685
1109 ブラキオ社 大阪府 泉大津市我孫子 595-0031 0725-23-8899
1110 プロ社 大阪府 泉大津市我孫子 595-0031 0725-23-8900
1111 ケツァル社 大阪府 泉大津市我孫子 595-0031 0725-23-8901
1112 アノ社 大阪府 泉大津市豊中町 595-0023 0725-23-8902
1113 イクチオ社 大阪府 大阪市北区梅田 530-0001 06-2223-8903
```

```
1101   ティラノ社   東京都   世田谷区赤堤
156-0044 03-1234-56781102 トリケラ社
東京都 世田谷区桜丘 156-0054 03-1234-
56791103 モサ社 東京都 世田谷区祖師谷
157-0072 03-1234-56801104スピノ社 東
京都 大田区鵜の木 146-0091 03-1234-56
811105 プテラノ社 東京都   目黒区大岡山
152-0033 03-1234-56821106 ステゴ社 東
京都 目黒区大岡山 152-0033 03-1234-56
831107 ギガノト社 東京都 品川区戸越 142
-0041 03-1234-5684
```

実装方法やRDBMSによっては、レコード単位で改行して格納される

RDBMSは、このテーブルが6カラムで構成されていることを知っているので、6つの値があったら一区切りと判断する。賢いRDBMSの場合は、データ区切りの印を入れることもある

気が利かない場合は、改行されない、また、順番も適当に格納される

図2-14 ファイルにはこのような感じで格納されている

　データベースと言えば、データのやりとりです。プログラムの要求に応じて該当するレコードを渡す必要があります。上図のような、こんな大雑把そうなものから目的のレコードや値を取り出すのは難しそう、と思うかもしれませんが、RDBMSは「住所録テーブルは6カラムで構成されている」ということを知っているので、6つ値があればそれが一つのレコードであることを認識しています。入力時に空欄がある場合も、「NULL（ヌル＝空欄である）」と記録されるので、値の数は変わりません。そのため、一つのファイルで管理できるのです。なお、「社名　住所　電話番号」のような項目名は、別のファイルに保存されています。

　このようにデータベースは、ただのファイルやディレクトリの集まりなのですが、サーバの中のあちこちに置いても収拾が付かないので、専用の保存領域を用意してそこに集めておきます。

　この保存領域のことを、「データベース」と言います。「データベース」と呼ばれる箱（領域）の中に、テーブルをたくさん入れるイメージです（図2-15）。

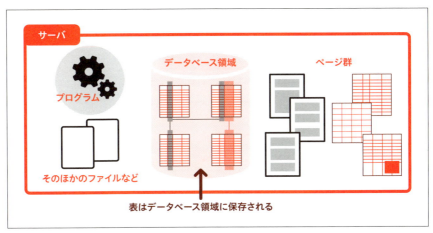

図2-15 サーバには色々なファイルが格納されており、その中に「データベース領域」がある

　仕組みとしての「データベース」と、保存領域の名前としての「データベース」があるので、ややこしい感じがしますね。通常はどちらも「データベース」ですが、区別するために、本書では保存領域としての「データベース」のことを「データベース領域」と呼ぶことにします。

　「データベース領域」「テーブル」「レコード」といった用語が出てきたので、少し混乱してきたでしょうか。分かりやすいように、家に例えてイメージしてみましょう。もし、「データベース領域」が家だとすれば、テーブルは机です。テーブルは複数存在していてお互いに関連しあっており、テーブルの中には、レコード（記録）が収納されているイメージです（図2-16）。

　どのようなレコードがどのテーブルに入るかは、あらかじめ決めておきます。ですので、そのテーブルに入れられると決めたレコードしか入れられません。

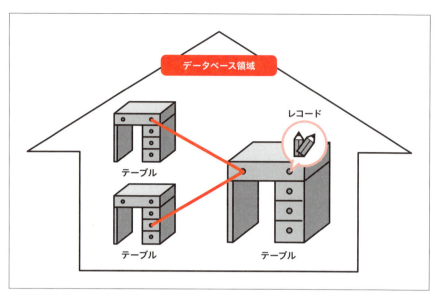

図2-16 家（データベース領域）の中に机（テーブル）が複数あって、それぞれの引き出し（レコード）のなかに、種類を分けて入れると決めたモノ（データ）が入っているイメージ

また、街に家が複数あるように、データベース領域も会社のサーバの中に複数存在することがあります。例えば営業部用のデータベース領域がある一方で、総務部も別のデータベース領域を持っているといった具合です（図2-17）。

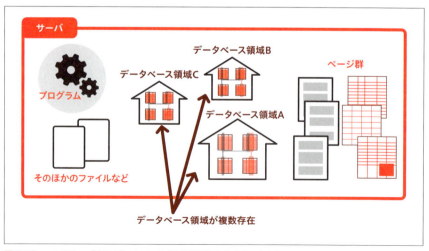

図2-17 一つのサーバ内にデータベース領域が複数存在することもある

Chapter2　リレーショナルデータベースを知ろう

5 データの置き場所を整えよう

レコードって、どう指定するの？ 例えば、同姓同名の人がいる場合もあるよね？

ちゃんと区別できるように、キーというものを指定するよ。

2-5-1 データベースは突然入力しはじめない

　データベースは、入力画面がなくても、コマンドラインツールから入力することができます。

　しかし、コマンドラインツールであっても、何もない状態からデータを入れることはできません。WordやExcelなどは、まずはファイルを作りはじめて、保存をする時に保存場所を選びますが、データベースは逆です。先に保存場所を確保する必要があります。家の喩えで言えば、サーバの中にまずは家（データベース領域）を作り、家の中にテーブルを作り、ようやくレコード（データ）を入力することができるわけです（図2-18）。

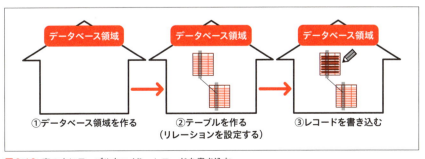

図2-18　家の中にテーブルをつくり、レコードを書き込む

また、テーブルを作る時にはテーブルの書式を決めなければなりません。どのような形式で、どのような値が入るのかを決めておく必要があります。

　こう言うと少し面倒くさいように感じるかもしれませんが、とはいえ会社にある書類でも、どのような内容をどのような書式で記入するのかが決まっているはずです。何かの申込書であれば、名前や住所などの項目が決められており、名前の欄は住所よりも狭いはずです。請求書であれば、請求金額を書く場所や、相手の名前を書く場所が決まっています。このように、項目の名前や書くべき内容、おおよそどのぐらいの分量であるかなどを、誰かが最初に決めているでしょう（図2-19）。

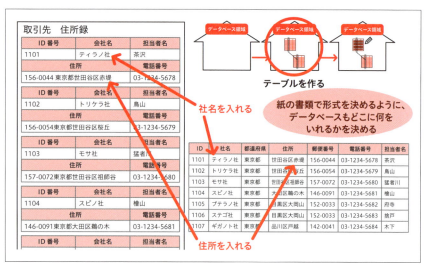

図2-19 紙の書類でもあらかじめ形式が決まっているのと同様に、データベースでも、どのデータをどこに入れるのかという形式を決める必要がある

　データベースでも同じように、まずは書式を決めていきましょう。決めるべき内容は、紙の書類と同じように、項目（カラム）の名前、最大文字数などですが、電子的な書式特有のものとして、入れるべきデータの種類や、各種制約などもあります。

　データの種類を **「データ型」** と言い、文字が入るのか、それとも数字が入るのかなどを規定します。各種制約として「絶対に空欄にしてはなら

ない」「他と同じ番号を入力してはいけない」といったルールを決められます。

また、「**キー（key）**」と呼ばれるものを決める必要もあります。次項目以降で説明していきましょう（図2-20）。

```
カラム名（フィールド名）を決める。          どのようなデータ
基本的には、他のカラムと同じ名称            をどのような順番
は付けない。また、英数字が無難              で入れるか決める
```

ID	社名	都道府県	住所	郵便番号	電話番号	担当者名
1101	ティラノ社	東京都	世田谷区赤堤	156-0044	03-1234-5678	茶沢
1102	トリケラ社	東京都	世田谷区桜丘	156-0054	03-1234-5679	鳥山
1103	モサ社	東京都	世田谷区祖師谷	157-0072	03-1234-5680	猛者川
1104	スピノ社	東京都	大田区鵜の木	146-0091	03-1234-5681	檜山
1105	プテラノ社	東京都	目黒区大岡山	152-0033	03-1234-5682	府寺
1106	ステゴ社	東京都	目黒区大岡山	152-0033	03-1234-5683	捨戸
1107	ギガノト社	東京都	品川区戸越	142-0041	03-1234-5684	木下

キー（key）を決める　　　　データ型や最大文字数、各種制約などを決める

図2-20 テーブルを作る時に決めなくてはならないこと

2-5-2 キーと主キー

キー（key）とは「**レコードを特定する時に使うカラム（列）**」です。その名のとおり、特定するための鍵になる情報という意味です。

RDBMSは、プログラムの要求に応じて、データベースから該当のレコードを呼び出したり、上書きしたり、削除したりしますが、その場合には「このレコード（群）に対して操作すること」が明確でなければなりません。その時に使われるのがキーというわけです。

例えば「社名」のカラムがキーに設定されている場合は、「ティラノ社」と指定すると、社名欄が「ティラノ社」になっているレコードに対して操作できるようになります。

「都道府県」のカラムがキーに設定されており、「東京都」を指定した場合は、「東京都」の値を持つすべてのレコードが対象になります（図2-21）。

ID	社名	都道府県	住所	郵便番号	電話番号	担当者名
1101	ティラノ社	東京都	世田谷区赤堤	156-0044	03-1234-5678	茶沢
1102	トリケラ社	東京都	世田谷区桜丘	156-0054	03-1234-5679	鳥山
1103	モサ社	東京都	世田谷区祖師谷	157-0072	03-1234-5680	猛者川
1104	スピノ社	東京都	大田区鵜の木	146-0091	03-1234-5681	檜山
1105	プテラノ社	東京都	目黒区大岡山	152-0033	03-1234-5682	府寺
1106	ステゴ社	東京都	目黒区大岡山	152-0033	03-1234-5683	捨戸
1107	ギガノト社	東京都	品川区戸越	142-0041	03-1234-5684	木下

「社名」がキーの場合、「ティラノ社」を指定すれば社名カラムが「ティラノ社」となっているレコードに対して操作できる

都道府県がキーの場合、「東京都」と指定すれば都道府県カラムが「東京都」であるレコードすべてが対象となる

図2-21 操作するレコードを特定するのがキー

主キー（Primary Key）

　キーにはいくつか種類があり、一つのレコードに特定できるカラムを「**主キー（プライマリーキー = primary key）**」と言います。

　リレーショナルデータベースの場合、必ず主キーを設定しなければなりません。また、主キーに空欄（NULL）は許されず、一つのテーブル（表）には、一つの主キーしか設定できません。

　上の図の場合、「社名」でレコードは特定できますが、今後事業を拡大した時に同じ名前の会社が取引先に増えないとも限りません。「ID」の列は連番で付けており他と重複しない値なので、ここを主キーにすべきでしょう（図2-22）。

ID	社名	都道府県	住所	郵便番号	電話番号	担当者名
1101	ティラノ社	東京都	世田谷区赤堤	156-0044	03-1234-5678	茶沢
1102	トリケラ社	東京都	世田谷区桜丘	156-0054	03-1234-5679	鳥山
1103	モサ社	東京都	世田谷区祖師谷	157-0072	03-1234-5680	
1104	スピノ社	東京都	大田区鵜の木	146-0091	03-1234-5681	檜山
1105	プテラノ社	東京都	目黒区大岡山	152-0033	03-1234-5682	府寺
1106	ステゴ社	東京都	目黒区大岡山	152-0033	03-1234-5683	捨戸
1107	ギガノト社	東京都	品川区戸越	142-0041	03-1234-5684	木下

IDを主キーとする（主キーはテーブルに一つだけ）

空欄があるので主キーにできない

取引先ごとに振られている番号 他と重複することはない

他のレコードと重複しない可能性が高いが絶対とは言えないので主キーに適さない

図2-22 主キーのルール

複合キー（Compound Key）

　主キーは複数の項目を組み合わせる場合もあります。例えば生徒名簿のようなものがあった場合、出席番号だけでは他のクラスの生徒と区別がつきません。その場合は、学年やクラスと出席番号を組み合わせて使うことで、個人を特定します。このように複数の項目を組み合わせた主キーを特に「**複合キー（Compound Key）**」と言います。

　複合キーは、一見すると主キーが二つあるように見えますが、主キーはテーブルに一つという原則は変わりません。二つセットで主キーという扱いです（図2-23）。

クラス	出席番号	氏名	保護者電話番号	連絡先メールアドレス
3年1組	3	鴨谷猫定	0312345678	enya@family.commm
3年1組	5	大星獅子助	0312345679	ssnosuke@school.commm
3年1組	16	千崎犬五郎	0312345680	inugoro@family.commm
3年1組	23	岡豹右衛門	0312345681	hyouemon@family.commm
3年2組	5	大鷲狐吾	0312345682	kon5@school.commm
3年2組	6	斧狸九郎	0312345683	tanu9rou@school.commm

出席番号は同じだがクラスが異なる

出席番号だけではレコードを特定できないので、クラスと組み合わせて主キーとする。これは主キーが二つあるのではなく、二つで一つという考え

図2-23　複合キーのルール

代替キー（サロゲートキー=Surrogate Key）

　主キーになりそうなカラムがなかったり、使い勝手が悪い場合に、主キーとすべく設計者が人工的に追加するカラムを「**代替キー（サロゲートキー＝Surrogate Key）**」と言います。

　上記のクラス名簿の例であれば、学校全体で、学生IDのような重複しない番号を全員の生徒に付けるということです。この方法でならば、主キーのカラムは一つで済みますし、学年が変わっても同じ番号を使い続けることができます。

　設計によっては、**オートナンバー（自動的に番号を付与する仕組み）や連番**を使って、他のレコードと重複しないように番号を付けます。

Column

主キーに関わるその他の概念

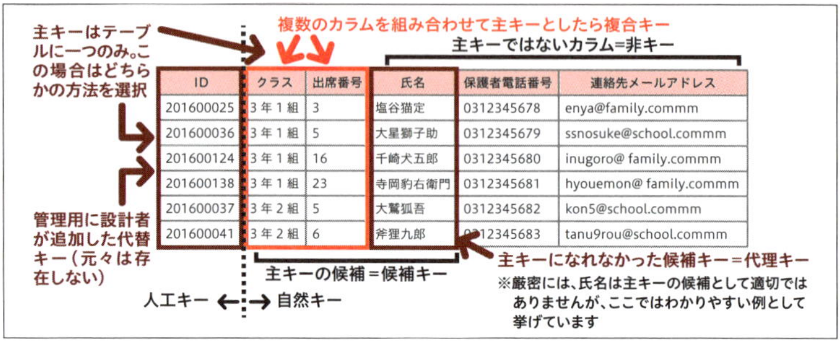

図2-24 その他の主キーに関わる概念

これらのキーの他にもいくつかの主キーに関わる概念があります（図2-24）。最初のうちはあまり聞かないかもしれませんが、経験を積むとこのような概念にも出会うことがあるでしょう。

非キー…主キー以外のカラム。

候補キー（Candidate Key）…主キーになり得る条件を備えたカラムやその組み合わせのこと。主キーの候補になることからこう呼ぶ。主キーにならなかったカラム（要は、主キー選挙に落選したカラム）は「代理キー（alternate key）」と呼ぶが、代替キー（サロゲートキー）と紛らわしいので注意。

スーパーキー（Super Key）…主キーになり得る条件を備えたカラムやその組み合わせのこと。ただし、条件が合致するすべての組み合わせを列挙するため、特定に不要なカラムを含む組み合わせも挙げられることがある。このうち、必要最小限の組み合わせが候補キー、候補キーのうちで最も適したものが主キーとなる。

自然キー（ナチュラルキー＝Natural Key）…元から存在するカラムを主キーにするという考え。単独のカラムが主キーになり得ない場合などに、代替キーを追加するのか、それとも複合キーで対処するのか検討する場合に、使われる概念。

● 2-5-3 | 外部キー（Foreign Key）

　キーには、主キーの他に「**外部キー**（Foreign Key）」というものがあります。

　外部キーは、他のテーブルと関連（リレーション）付けるためのものです。リレーションシップの説明で、「テーブル同士が結びついている」とお話ししましたが、それは、外部キーによって実現されています（図2-25）。

図2-25 注文一覧の「会社」と住所録の「社名」が外部キーとして結びついている

　例えば、ティラノ社の例で言えば、注文一覧の「会社」と、住所録一覧の「社名」が外部キーとしてそれぞれのレコードを結びつけているのです。

　外部キーとするカラムは、例にあるとおり、カラム名が同じ必要はありませんが、同じにしておくと便利なこともあります。

　また、説明ではわかりやすく社名で結びつけていますが、本来であれば、主キーとなるようなレコードを一意に決められるカラムを外部キーとすべきです。この例であれば、注文一覧の「会社」を社名そのままで書くのではなく、住所録IDを使って記入し、住所録側の外部キーとして「ID」を使うと良いでしょう（図2-26）。

図2-26 注文一覧の「会社」と住所録の「ID」が外部キーとして結びついている

　外部キーは、一つの結びつき（一組のテーブル同士）に対して一つ設定しますが、複数の結びつきを作ることもできます。その場合に、外部キーとして指定するカラムは、同じものでも違うものでもかまいません（図2-27）。

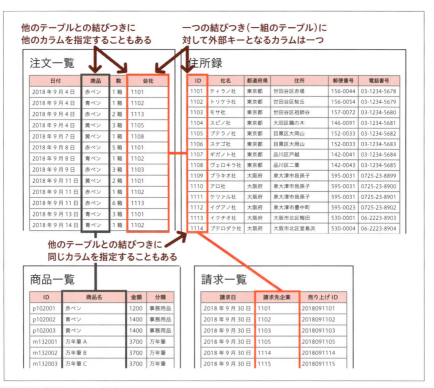

図2-27 外部キーとして指定するカラム

Chapter2 リレーショナルデータベースを知ろう

6 データの繰り返しと重複を防ぐ

適当なノートに思い付いた曲の楽譜をメモしたら、わけがわからなくなっちゃったよ。

うーん、それは整理が下手だね。同じ種類のデータをまとめて管理する必要があるよね。

2-6-1 なぜ住所録にピアノの楽譜を書き込んではいけないのか

　データベース領域の中にテーブルはたくさん存在します。一つの部署の中でも、売上台帳、倉庫管理表、顧客の住所録など、少なくとも書類の数と同数程度のテーブルが存在します。紙の書類でも言えることですが、たくさんあるということは、管理が面倒のようにも思えます。そもそも、なぜそんなにテーブルが必要なのでしょうか。

　データベースのデータは、書き込んだり、取り出したり、編集したり、検索したりしやすいように、特定の基準に従って集められ、分けられます。

　例えばあなたは、住所録にピアノの楽譜を書き込んだりするでしょうか。多くの人はしないはずです。住所録に書き込むとしてもせいぜいメモ程度で、ピアノの楽譜を書くノートとして住所録を使う人はいないでしょう。

　それは、住所録のフォーマットが楽譜を書くのに適していないからです。音符を書くための線がないどころか、名前と住所と電話番号に区切られた線は邪魔なだけです。「工夫すれば書ける！」というへそ曲がりな人も居るかもしれませんが、わざわざそんなことをしなくても、楽譜を書く用の五線譜ノートだって売られています（図2-28）。

図2-28 アドレス帳を五線譜として利用すると……

あるいは、住所と音符を混ぜて一つのノートに書いたらどうでしょうか。楽譜を見ながらピアノを弾こうと思った時に、見づらいこと極まりないですし、住所を探す時は探しづらいし、どう考えても不便です（図2-29）。

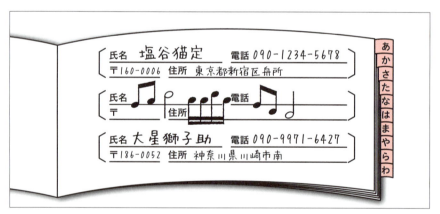

図2-29 音符と住所を1つのノートに書くと……

この例からわかることは、「**何かのデータを収めるためには、適したフォーマットが必要であること**」と、「**種類の違うデータを混ぜないこと**」です。フォーマットや種類の違うデータは、別々のテーブルとして管理します。現実社会でノートが分かれているような「住所録」と「楽譜」は、データベースでも一緒のテーブルにしませんし、住所と音符のような大

きくジャンルの異なる情報をごちゃ混ぜにして書くこともしません。

住所は住所録に書き、音符は五線紙に書くように、データベースのテーブルも個々に用意するわけです（図2-30）。

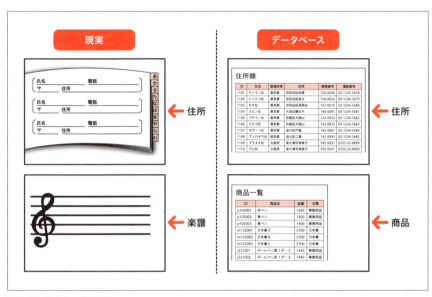

図2-30　違うものは混ぜない

● 2-6-2 │ なぜ一つの表をそんなに分けるのか？

テーブルは、書類の数と同数程度存在するとお話ししました。実は、実際にデータベースシステムを作る場合には、それよりももっと多くなります。これは、リレーショナルデータベースの特徴の一つで、「**データの繰り返し・重複を避ける**」ことが重要視されているからです。データの重複を避けるために、テーブルを分割するので、テーブルが増えていくのです。

紙の書類であれば一枚の表であったようなものも、データベースのテーブルでは二つや三つに分かれていることも珍しくありません。このように、「データの繰り返し・重複を避ける」処理のことを「**正規化**」と言います。

● 2-6-3 | 正規化と第1正規形

「データの繰り返しや重複を避ける」なんて、まわりくどい言い方をするなあと思う人もいるかもしれませんね。

わかりやすい例として、Excelでセルの結合を行ったデータを考えてみましょう。文房具屋さんの注文一覧の日付の部分を結合してみました（図2-31）。

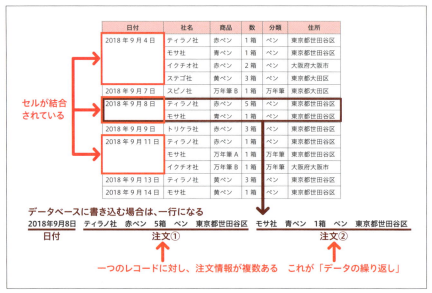

図2-31 文房具屋さんの注文一覧の日付部分を結合してみると、見た目は少しスッキリしたが、これでは一つのレコードに対して注文情報が複数あることになってしまう

人間の目からすると、その日の注文が見やすくなりました。しかし、このデータをデータベースに書き込む場合、これではよくありません。データベースでは、表の場合でも区切り線などはなく、値をズラズラと連続して書き込んでいく形で記録されるので、これでは「2018年9月8日 ティラノ社　赤ペン　5箱　ペン　東京都世田谷区　モサ社　青ペン　1箱　ペン　東京都世田谷区」のように保存されます。

これでは、一つの日付（一行のレコード）に対し、社名や商品、住所などの注文情報が、複数ある形になってしまいます。9月8日のデータ

は二つの注文だけですが、日によってはもっとたくさんありそうです。このように、同じ種類の値が複数ある状態を、「**データの繰り返し**」と言います。

　データベースでは、データの繰り返しや重複を避けるのがセオリーです。なぜなら無駄な情報があると、保存に際してディスク容量を必要とします。また、処理時間も増えるため検索などが遅くなります。ですから、できるだけ効率よく格納することが求められるのです。

　では、繰り返し状態になってしまったデータを繰り返さないようにしましょう。これは元の表に戻せば良いだけなので簡単です（図2-32）。

日付	社名	商品	数	分類	住所
2018年9月4日	ティラノ社	赤ペン	1箱	ペン	東京都世田谷区
2018年9月4日	モサ社	青ペン	1箱	ペン	東京都世田谷区
2018年9月4日	イクチオ社	赤ペン	2箱	ペン	大阪府大阪市
2018年9月4日	ステゴ社	黄ペン	3箱	ペン	東京都大田区
2018年9月7日	スピノ社	万年筆B	1箱	万年筆	東京都大田区
2018年9月8日	ティラノ社	赤ペン	5箱	ペン	東京都世田谷区
2018年9月8日	モサ社	青ペン	1箱	ペン	東京都世田谷区
2018年9月9日	トリケラ社	赤ペン	3箱	ペン	東京都世田谷区
2018年9月11日	ティラノ社	赤ペン	1箱	ペン	東京都世田谷区
2018年9月11日	モサ社	万年筆A	1箱	万年筆	東京都世田谷区
2018年9月11日	イクチオ社	万年筆B	1箱	万年筆	大阪府大阪市
2018年9月13日	ティラノ社	黄ペン	3箱	ペン	東京都世田谷区
2018年9月14日	モサ社	黄ペン	1箱	ペン	東京都世田谷区

セルが結合されていない

データベースを書き込む場合は、一行になる
2018年9月8日　ティラノ社　赤ペン　5箱　ペン　東京都世田谷区
2018年9月8日　モサ社　青ペン　1箱　ペン　東京都世田谷区
一つのレコードに対し、注文は一つ　データは繰り返されていない

図2-32　データは繰り返されていない

　今度は一行のレコードに対し、繰り返されていません。このように繰り返さないように処理することが正規化というわけです。

　データベースでは、縦の列（カラム）、横の行（レコード）ともに、一つの値であることが原則です。セルの結合のような、一つのカラムに対し、複数のカラムが対応するような記述方法はしません。必ずすべてのカラムに対して、一つにします。

また、「**スカラ値**（scalar value）[2]」と言って、一つのセルに一つの値を取るため、商品のカラムに「赤ペン1箱」や、住所のカラムに「156-0044 世田谷区赤堤」のようなこともしません（図2-33）。

図2-33 二つの項目が一つのセルに入ることは避け、一つのセルには一つの値だけが入るルール。このような形に整えることが第1正規形

しかし、実はまだ終わりではありません。ここで行った正規化は、「一行のレコードの中の繰り返し」を解除したに過ぎないので、今度は他のレコードとの重複を解除します。また、この状態では主キーがないので、「売上ID」を主キーとして追加しましょう。

このように、一つのレコードの中の繰り返しをなくしてデータベースで扱える状態にすることを「**第1正規形**」と言います。

2-6-4 ｜ 第2正規形／第3正規形

他のレコードとの重複と言えば、注文一覧に毎回住所を書くのは無駄であるというお話をリレーションのところでしました。

つまり、一ヶ月に何度も注文があれば、それだけの回数分、住所を書かねばならず、それは重複なのです。

なので、注文一覧から住所の部分は別の表（住所録）に分けてしまって、何度も書くことを避けます。リレーションの説明では、元から住所録がある設定でしたが、分かれていないような場合は、このように一つ

---

[2] スカラ値…複数ではなく、単一の値のこと。

のテーブルから分けるのです。分けた時に、ついでに主キーとして「取引先番号」を追加しました（図2-34）。

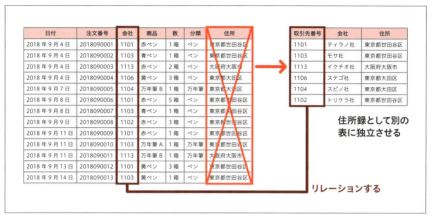

図2-34 取引先番号を追加し、それを主キーとして住所録とリレーションする

　更によく見てみると、商品と分類も連動していることがわかります。赤ペン、青ペンなどのペン類は「ペン」という分類であり、万年筆A、万年筆Bなどは、「万年筆」という分類です。この情報も、赤ペンは毎回「ペン」と書くに決まっていますから、面倒です。テーブルを分けてしまいましょう。

　テーブルを分ける時には、主キーとして商品IDを追加しました（図2-35）。

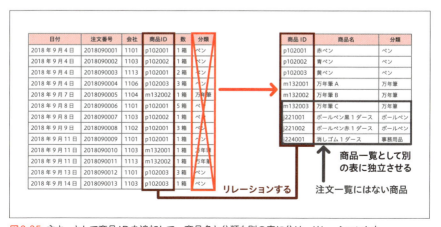

図2-35 主キーとして商品IDを追加して、商品名と分類も別の表に分け、リレーションした

随分とすっきりしたテーブルになってきましたね。

ところで、商品一覧のテーブルをよく見てみると、住所の時とは異なり、注文一覧にはない商品が追加されています。

実は、これが第二正規化、第三正規化のポイントの一つです。テーブルに登場していなくても、管理したい情報は存在します。テーブルを分けることで、そうした情報にも対応できるのです。

2-6-5　結局のところ、正規化とは何をやっているのか

「繰り返しを避けましょう」「重複を避けましょう」などと話をしてきましたが、結局のところ、正規化とは何をやっているのでしょうか。

まず、正規化とは、簡単に言えば**「一つのゴチャゴチャした書類を、データベースで扱いやすい形に変えること」**です。

ポイントは「一つの」というところで、本来ならば、住所録や商品一覧として、ノートやファイルを分けるべき情報を、懇切丁寧に一つの注文一覧に書き込んでいることが前提です。住所録も商品一覧もなく、「注文一覧」台帳一つで情報を管理しているようなケースです。

そこから、住所録や、商品一覧を「分離させていく」のが第二・第三正規化です。分離させないと、管理が面倒な上に、注文一覧に登場しない取引先や、商品の管理をする場所がないので、別テーブルにして管理することになります。

第二か第三かの違いは、主キーが絡むかどうかの違いであり、やることは同じ「テーブルの独立」や「カラムの整理」です。

つまり、最初から住所録や商品一覧に情報が分かれているような「きちんとした書類」であれば、あまりやることはありません。

正直なところ、Windows XPの普及に伴い、一人一台のパソコンが当たり前となってから10年以上経つ現在、多くの会社ではここまでゴチャゴチャな書類は少ないです。

昔は、一つの台帳に、お客さんの注文・個数・価格・名前・住所・電話番号・FAX番号を書いていたかもしれませんが、現在では、Excelな

どでスマートに管理していることも多いでしょうし、昔でも、大きな会社なら住所録や商品一覧は分けていたのではないでしょうか。

なぜなら、手書きやExcelで管理するならば、重複や繰り返しがあればあるほど面倒くさいからです。現場の人だって工夫します。

ですから、セルの結合を解消したり、多少の整理はともかくとしても、「一つのゴチャゴチャした書類」から「住所録を作り、商品一覧を作り…」という作業を行うことは稀になっています。

ただ、考え方を学んでおくことは重要です。昔からあるようなパターンの書類であれば、正規化でやることは少ないかもしれませんが、新しい概念の情報を扱う場合には、やはり必要です。

特に最近では、データベースというよりは、データの置き場所としての使われ方が増えてきています。当然、プログラムとの兼ね合いで考えるべきことでしょう。

ただし、正規化は必ず行わなければならないものとは限りません。正規化は、第五正規形まで存在していますが、通常行うのは第三正規形までであるのがそれを物語っています。

「データベースで扱いやすく」することが正規化の目的なので、場合によっては行わない方が良いこともあるのです。その最たる形の一つが、非リレーショナルデータベースでしょう。

とりあえず、一つのレコードに繰り返しがないように設計することは必須ですし、管理しやすいようにテーブルを分けることは重要ですが、それよりも更に行うかどうかは、設計者の判断によるところです。

データベースで扱いやすくするのが正規化！

Column
データベース領域はなぜ分けるのか

　正規化を行ったことで、随分とテーブルが分かれてきました。テーブルが多い理由は納得がいったでしょうか。次はデータベース領域についてのお話です。

　前章で、データベース領域が複数あるケースについてお話ししましたが、そもそも、営業部と総務部でデータベース領域を分ける必要はあるのでしょうか。同じ会社なのだから、一つの大きなデータベース領域にまとめてしまえば良いと思うかもしれませんね。個々のテーブルはそれぞれ別に管理されます。異なるテーブルが混ざることはありません。視覚に頼る人間ならともかく、RDBMSなら検索で探すので、領域を分けるメリットが見えづらい気もします。

　データベース領域を分けるのは、システム的な都合や、運用上の理由がほとんどです。7章で詳しく説明しますが、データベースへのアクセス権を分けたり、バックアップの単位を分ける、「重要機密だから他と運用的に分けたい」など、「技術的にそうでなければならない」のではなく、**管理的な問題**です。

　大きなシステムになってくると、様々な人が利用しますし、プログラムやソフトウェアも一つではありません。そこで、データベース領域も分ける必要が出てくるというわけです。

　エンジニアは、どうしても"技術的なこと"を中心に考えてしまいがちですが、データベースも人間が使う道具の一つに過ぎません。人が使うためには、という視点も重要なのです。

Chapter3
データベースを操作してみよう1
―データの集計と検索・操作

3-1 データベースに対してできること
3-2 データベースからの取り出し方
3-3 テーブルを組み合わせて取り出す
3-4 演算して取り出す

データベースの操作は、SQLという言語で行います。文法の体系は、極めてシンプルです。SQLによってデータベースにどのような操作ができるのかを理解することで、データベースの活用方法がより鮮明に見えてくるはずです。本章では、データの集計と検索や操作について学んでいきます。

Chapter3 データベースを操作してみよう 1

1 データベースに対してできること

SQLって、なんだか難しそうだね。覚えられるかな…。

心配しないで。基本的に私たちがデータベースにできる指示は、たったの四つだけなんだ。

● 3-1-1 │ プログラムや人はデータベースに要求する

　データベースはテーブル（表）の集合体であり、テーブルの中にはレコードがあり、テーブルはデータベース領域に保存されているということがわかってきたでしょうか。

　データベースを学習する時、混乱してしまう最大の原因は「どこの部分に対して、どのように働きかけているのか」がわかりづらいという点です。まずは最初にこの「**データベース領域＞テーブル＞レコード**」という関係性をしっかり理解しておきましょう（図3-1）。

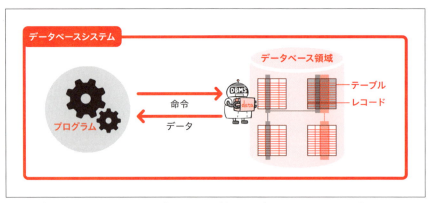

図3-1 データベースシステムにおけるデータベース領域、テーブル、レコードのイメージ

さて、データベースシステムについて、もう少し具体的に中身を見ていきましょう。システムに入力されたデータは、プログラムによってデータベースに書き込まれます。また、ユーザーから取り出しの要求があった場合、データベースから取り出してユーザーに提供されることは、既にお話ししたとおりです。つまり、プログラムや人は、データベースに書き込みや取り出しができることだけは確実なわけです。**では、そもそもデータベースにはどのような要求ができるのでしょうか。**

3-1-2 データベースに要求できる四つのこと

データベースに要求できる内容は、主に次の四つ（図3-2）です。これらは全てSQLを使って命令します。

①**新しく増やす**（データベース領域、テーブル、レコード）
②**消す**（データベース領域、テーブル、レコード）
③**上書きする**（レコード）
④**取り出す**（レコード）

図3-2 人間がプログラムを通じてデータベースに要求できる四つのこと

意外と少ないと思う人もいるかもしれません。SQLの入門書にはたくさんのSQL文（命令する文）が書かれているので、本当にこんなに少ないのかと疑問に感じることでしょう。

SQL文では、命令する時に色々な条件を付けます。その条件を複雑なものにできるため、SQL文は結果として多くなりますが、実際にできる基本的な内容はこの四つだけなのです。

これらの要求は、「データベース領域」「テーブル」「レコード」のそれぞれに対して行われます。ただし、「データベース領域」と「テーブル」に対する要求は、「①新しく増やす」と「②消す」の二つしかできず、「レコード」に対しては四つのすべての要求ができます。

①新しく増やす(CREATE/INSERT)

　データベース領域やテーブルを新しく作ったり、レコードを増やすことができます。

　データベース領域とテーブルは、その性質上、頻繁に作るものではありません。最初の設計の段階でどのような構成にするのか決定し、それに従って作成します[1]。これは人が手作業で行うことが多いのですが、ログなどのデータはソフトウェアが自動的にテーブルを作成して管理している場合もあります。

　一方、レコードは頻繁に書かれます。ユーザーが何かを登録する度に書かれるからです。レコードは決められたテーブルに書き込まれます。テーブルの書式に合わないものや、テーブルの無いところには書き込めません。

　SQLでは、データベース領域とテーブルは「**CREATE**」、レコードの場合は「**INSERT**」という言葉を使って命令します。

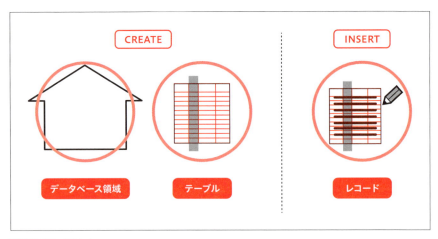

図3-3 新しく増やす

---

[1] テーブルは最初に決めるのが基本ですが、後で列を追加したり削除したりしたいこともあります。その場合は「ALTER」という言葉を使って命令できます。

②消す(DROP/DELETE)

データベース領域もテーブルもレコードも、消すことができます。データベース領域を削除する時に慎重に行うことはもちろんのことですが、テーブルの場合も、リレーションされている場合は、つながっている他のテーブルにも影響を及ぼします。消す場合は、リレーションの子供側（参照されている側）から消すのが基本なので、関係をよく調べた上で実行する必要があります。

SQLでは、データベース領域とテーブルは「**DROP**」、レコードの場合は「**DELETE**」という言葉を使って命令します。

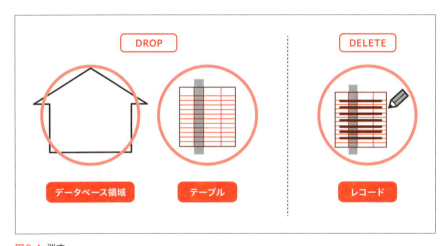

図3-4 消す

③上書きする(UPDATE)

データベース領域とテーブルには無い機能ですが、レコードは上書きすることができます。

身近なSNSやブログなどには「編集」というボタンがあるので、「編集」じゃないの？ と思う人もいるかもしれません。

データベースは、書き換えではなく常に上書きされます。ソフトウェア上では編集のように見えても、実際には保存されているデータを取り

出してユーザーに編集させ、新しく書き換わったデータを上書きの形で保存しているのです。SQLでは、**「UPDATE」**という言葉を使って命令します。

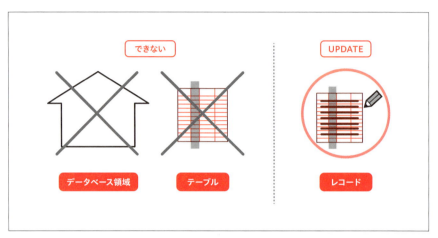

図3-5 上書きする

④取り出す（SELECT）

取り出しもレコードのみの機能で、様々な場面で活躍します。SNSやブログのウェブページを表示させる時はもちろんのこと、検索したり何かの結果を表示したりする時にも使われます。

簡単に言うと多くのシステムは、「デザイン部分」と「プログラム部分」と「データ部分」を組み合わせて作られており、その「データ部分」を提供しているのがデータベースに保存された情報です。

何か表示する場合は、「差し込まれる場所」を空けたレイアウトがプログラムに組み込まれており、そこにデータベースに書かれたデータを差し込んで表示する仕組みになっているのです。

例えば、ブログのページは「記事タイトル」や「記事本文」、「コメント欄」などは、値を差し込める構造にしておき、そこにデータベースからのデータを差し込むことでページを生成しているのです。

入力欄の処理などは、HTMLやプログラム側で作られていますが、保

存して、それを後で表示できる場合には、データベースのデータが絡んでいることが多いです。SQLでは、**「SELECT」**という言葉を使って命令します（図3-6）。

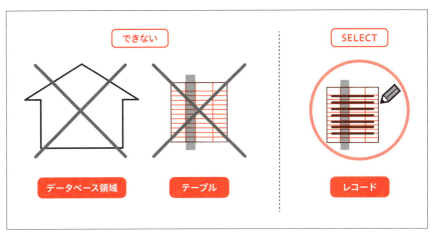

図3-6 取り出す

●今日以降の公開日の記事をすべて取得する
　SELECT FROM 記事 WHERE 公開日 >= NOW();
●タイトルに「動物園」が入っている記事をすべて取得
　SELECT FROM 記事 WHERE タイトル LIKE '%動物園%';

図3-7 SELECTの例

> Column

SQLとは

　SQLとは、データベースに命令する言語です。日本語で「よろしくね！」と言ったところでデータベースには通じないので、このSQLという言語を使って命令をします。

　SQLは標準化されているため、ソフトウェアごとの方言はあるものの、どのRDBMSでも概ね同じ書き方をします。つまり、一つのRDBMSに対応した書き方を習得すれば、他のRDBMSを使う時でもだいたい対応できるのです。

　SQLは、コマンドラインツールから人間が手打ちで命令することもありますが、基本的には**データベースを操作したいプログラムの中に入れ込んで使います**。ここで紹介したような、「SELECT」「INSERT」などは、SQLの「命令語」と呼ばれるもので、英語の文法で言うところの動詞のようなものです。

　本書は主にデータベースの概要について解説しているので、SQLについてはあまり多くを解説していません。SQLの構文についての本はたくさん出ているので、実際に実務で覚えなくてはならない際は、それらの本も併せて参考にすると良いでしょう。

　SQLの性質上、学習するための書籍も、SQL全般について取り扱ったものと、特定のRDBMSに特化したものとに分かれます。全般について取り扱ったものは、SQLという言語の概念について書かれていることが多く、特定のRDBMSに特化したものは、実際に手を動かしながら、SQL文の書き方を学んでいくスタイルがほとんどです。

　まずは考え方から学びたい人もいれば、とにかく手を動かしたいタイプもいるでしょうから、自分の学習スタイルに向いた書籍を選ぶと良いでしょう。もし友人や会社の先輩に詳しい人がいるならば、その人が得意なRDBMSの学習から始めるのも良い方法です。

　学んでいる内容が、スラスラと全部わかれば、それに越したことはないのですが、どうしてもわからないところが出てきます。そう

した時に、少しの助けがあれば、挫折せずに勉強を進められるので、お勧めです。

なお、周りに詳しい人もおらず、RDBMSの選定に迷う場合は、MySQLかPostgreSQLが良いと思います。どちらも無償のRDBMSですし、シェアが大きいので情報も得やすいです。仕事で使う場合も、小さなデータベースシステムであれば、このどちらかが選ばれることが多いので、実践的です。MySQLは、世界的に大きなシェアを占めており、Movable TypeやWordPressなどのCMSにも対応しています。PostgreSQLは日本で人気のRDBMSで、採用する現場は多いです。

どちらか片方を学んでしまえば、もう片方もある程度対応できるようになるので、ピンと来た方を選んで良いでしょう。

以下に、SQLの学習でおすすめの書籍を紹介します。

「これからはじめる MySQL 入門」

技術評論社　小笠原種高（著）

手前味噌で申し訳ないですが、著者によるMySQLの入門書です。実際に手を動かしてコマンドを打てるように、セットアップするだけの学習環境をDVDで付けています。こちらも図を多くして解説しています。SQLの学習は、だんだん複雑になってくると、文法がゴチャゴチャしてしまいやすいです。本書では、SQLがどのような構造になっているのか、理解しながら進められるようにしています。

「スッキリわかる SQL 入門」

インプレス　中山清喬、飯田理恵子（著）

ドリル形式でSQLを学べる本です。現場でよく利用されるSQL文が多く紹介されており、実践的な内容です。構文がしっかり説明されているので、SQLを理解するには最適です。

Chapter3 データベースを操作してみよう 1

2 データベースからの取り出し方

なるほど、できることは四つだけなんだね。では具体的にどういうやり方でデータを取り出せるの？

それを今から見ていこう。

● 3-2-1 | データベースからの取り出し方

　データベースからの取り出し方には、色々なやり方があります。言い換えると、わざわざプログラム側で何かしなくても、SQLにパターンが用意されているということでもあります。

　取り出すものは、もちろんレコードです。仕事の現場では「××テーブルを引っ張って」と言ったりすることもあるため、なんとなくテーブルを取り出しているような感じがするかもしれませんが（図3-8）、SELECT文（取り出す命令）の結果は、レコードであり、テーブルではありません。

　レコードは、一つだけを取り出すこともできますし、特定のものを指定したり、全部取り出すことも可能です。レコードの一部のカラム（列）だけを取り出すこともできます（図3-9）。

図3-8 「テーブルを引っ張る」とは、レコードを取り出すという意味

図3-9 レコードを指定するイメージ

レコードの取り出し方には、図3-10のようなものがあります。

①レコードを指定して取り出す
②並び替え(ソート)をして取り出す
③テーブルを縦方向に組み合わせて取り出す
④テーブルを横方向に組み合わせて取り出す
⑤演算(計算)して結果を取り出す

図3-10 レコードの取り出し方

データベースは、データを取り出しやすい仕組みです。そのため、並び替えたり組み合わせたりするだけでなく、演算（計算）したその結果を取り出すこともできるのです。

　また、テーブル（表）は正規化することにより、分割されていたり計算によって求められることはテーブルに入れません。それは、このように簡単に組み合わせたり、演算したりすることができるからです。それでは、取り出し方について詳しく見ていきましょう。

3-2-2 ｜ レコードを指定して取り出す

　データは、横（レコード）でも縦（カラム）でも取り出せますし、一つでもテーブルにあるだけ全部でも取り出せます。

　指定の仕方は、例えば「住所録テーブルのIDが1102番のレコード」と具体的に指定することもあれば、「住所録テーブルの中の都道府県カラムに『東京都』という文字が含まれるレコード」、「住所録テーブルのレコード全部」など、様々にあります。

　取り出す場合、テーブルのすべてのカラムを取り出すだけでなく、必要な一部のカラムだけを取り出すこともできます。一部のカラムだけを取り出す操作のことを「射影」と言います。

○ 色々な指定の方法

　色々な取り出し方を紹介しましょう。
具体的に指定する（WHERE）
　「住所録テーブルのIDが1102番のレコード」「住所録テーブルのIDが1102番と1105番のレコード」
文字が含まれるものを指定する（=やLIKEなど）
　「住所録テーブルの都道府県カラムが『東京都』であるもの」「住所録テーブルの住所カラムに「世田谷区」という文字が含まれるもの」（図3-11）

ID	社名	都道府県	住所	郵便番号	電話番号	担当者名
1101	ティラノ社	東京都	世田谷区赤堤	156-0044	03-1234-5678	茶沢
1102	トリケラ社	東京都	世田谷区桜丘	156-0054	03-1234-5679	鳥山
1103	モサ社	東京都	世田谷区祖師谷	157-0072	03-1234-5680	猛者川
1104	スピノ社	東京都	大田区鵜の木	146-0091	03-1234-5681	檜山
1105	プテラノ社	東京都	目黒区大岡山	152-0033	03-1234-5682	府寺
1106	ステゴ社	東京都	目黒区大岡山	152-0033	03-1234-5683	捨戸
1107	ギガノト社	東京都	品川区戸越	142-0041	03-1234-5684	木下

世田谷区の文字が入っている
住所カラムに「世田谷区」の文字が入っているレコード

図3-11 住所録テーブルの住所カラムに「世田谷区」という文字が含まれるレコード

レコードの中の一部分を指定する

「住所録テーブルの『社名』カラムに該当する部分」（図3-12）

ID	社名	都道府県	住所	郵便番号	電話番号	担当者名
1101	ティラノ社	東京都	世田谷区赤堤	156-0044	03-1234-5678	茶沢
1102	トリケラ社	東京都	世田谷区桜丘	156-0054	03-1234-5679	鳥山
1103	モサ社	東京都	世田谷区祖師谷	157-0072	03-1234-5680	猛者川
1104	スピノ社	東京都	大田区鵜の木	146-0091	03-1234-5681	檜山
1105	プテラノ社	東京都	目黒区大岡山	152-0033	03-1234-5682	府寺
1106	ステゴ社	東京都	目黒区大岡山	152-0033	03-1234-5683	捨戸
1107	ギガノト社	東京都	品川区戸越	142-0041	03-1234-5684	木下

レコードの特定部分だけが取り出される

図3-12 住所録テーブルの社名カラムに該当する部分

特定のテーブルの中身をすべて指定する

「住所録テーブルの中身全部」

特定範囲のレコードを指定する

「住所録テーブルの先頭から10件分のレコード」「上位3件のレコード」

重複を除いて取り出す（DISTINCT）

「9月の注文一覧から社名カラムを取り出すが、重複するものは取り除く」

「生徒名簿から保護者の氏名と連絡先を取り出すが、重複するものは取り除く」

ID	社名	都道府県	住所	郵便番号	電話番号	担当者名
1101	ティラノ社	東京都	世田谷区赤堤	156-0044	03-1234-5678	茶沢
1102	トリケラ社	東京都	世田谷区桜丘	156-0054	03-1234-5679	鳥山
1103	モサ社	東京都	世田谷区祖師谷	157-0072	03-1234-5680	猛者川
1104	スピノ社	東京都	大田区鵜の木	146-0091	03-1234-5681	檜山
1105	プテラノ社	東京都	目黒区大岡山	152-0033	03-1234-5682	府寺
1106	ステゴ社	東京都	目黒区大岡山	~~152-0033~~	03-1234-5683	捨戸
1107	ギガノト社	東京都	品川区戸越	142-0041	03-1234-5684	木下

レコードの特定部分だけが取り出される場合、重複していることがあるため、そのレコードを除く

図3-13 住所録テーブルの郵便番号カラムに該当する部分、ただし重複するものは除く

3-2-3 並び替えをして取り出す

データベースのレコードは、恣意的に並び替えて取り出すことができます。

システムやソフトウェアの機能上、並び替えて使いたいことも多いでしょう。

それだけではなく、データベースのレコードはいつも「都合よく」格納されているとは限りません。RDBMSによっては、適当な順番で格納されていることもあります。そのため、「恣意的に並び替えて取り出す」ことが重要になってくるわけです。

並び替えは、いわゆる「大きいもの順」「小さいもの順」が基本です。では、アイウエオ順はできないのか？と言うと、そうでもありません。

文字には「文字コード」と呼ばれる記号が振られています。文字コード

は複数あり、現在もっとも使われることが多いのは「UTF-8[2]」です。UTF-8では、「あ」であれば「E38182」、「ア」であれば、「E382A2」という記号です。

　データベースで並び替えを指示した場合、文字は文字コードの順になります。文字コードはアイウエオ順に振られているため、並び替えはおのずとアイウエオ順になるわけです（図3-14）。

	ティラノ社	トリケラ社	モサ社
UTF-8の文字コード	E38386	E38388	E383A2
S-JISの文字コード	8365	8367	8382

アルファベット順=文字コード順になっている

図3-14 データベースで並び替えを指示した場合、文字は文字コードの順番になる

　こういった理由で、平仮名、片仮名、アルファベットに関しては並び替えられるのですが、問題は漢字です。漢字は「部首画数順」もしくは、「大方は音読みだけど、訓読みも混ざった謎の配列[3]（シフトJIS[4]など）」で振られています。

　そのため、漢数字は数字順にソートできませんし、UTF-8の場合は部首画数順のソートになってしまいます。並び替えたい場合は、漢数字をアラビア数字に直した列や、漢字の振り仮名を入力する列を作っておいて、そちらを並び替えの基準とした方が無難でしょう。並び替えは、**ORDER BY**を使って命令します。

---

2 UTF-8は、世界各国の文字を表現したUnicode（ユニコード）を8ビットの可変の長さに変換したもの。
3 もってまわった言い回しですが、シフトJISは、何の順番とも言い切れない並びになっています。
4 シフトJISは、MS-DOSで日本語用文字コードとして採用され、フィーチャーフォンでも多く使われたが、現在は下火。

Column

データ型と並び替えの悩ましい問題

テーブルを作る際に、まず「データ型」を決めなければならないとお話ししたのは覚えているでしょうか。「データ型」とは、データの種類を定めるものです。詳しくは後述しますが、文字列、数値、日付、時刻といった型があります。

なぜ、このような型が必要であるかと言えば、まさに並び替えの問題があることも理由の一つでしょう。

例えば、「123456」「223456」「8956」の三つの数字があった場合に、「小さいもの順に並べよ」と言われたらどうするでしょうか。人間であれば、迷わず「8956」「123456」「223456」とするでしょう。

しかし、コンピュータの場合は、データ型が決まっていないと並び替えに迷ってしまいます。なぜなら、データ型が「数値型」であれば、人と同じように並べられるのですが、データ型が「文字列」の場合は、先頭から順に文字の文字コードの順番で並び替えるからです。

そのため、数字を数字として扱いたい場合は、データ型を「数値型」とすることが必須となってきます（図3-15）。

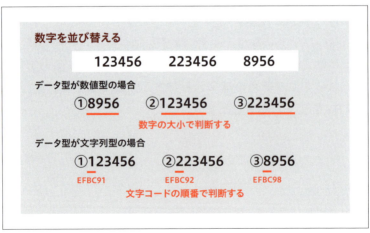

図3-15 データ型が文字列なのか数値なのかによって、並び替えの結果が変化する

Chapter3 データベースを操作してみよう1

3 テーブルを組み合わせて取り出す

テーブルまるごと組み合わせたりできないの？

もちろんできるよ！

● 3-3-1 | 複数のテーブルを組み合わせる

　テーブルとテーブルを組み合わせて取り出すこともできます。先にも説明したとおり、慣例上「テーブルを取り出す」と言いますが、実際には、「該当するレコード」を取り出しています。

　テーブルとテーブルの組み合わせには、縦方向（レコードを増減させる形で取り出す）の場合と、横方向（カラムが増える形で取り出す）の場合とがあります。縦方向の場合は**集合**、横方向の場合は**結合**と言います。

○ 集合の場合は、縦方向に組み合わせる

住所録①

社名	都道府県	住所
ティラノ社	東京都	世田谷区赤堤
トリケラ社	東京都	世田谷区桜丘
スピノ社	東京都	大田区鵜の木
プテラノ社	東京都	目黒区大岡山

住所録②

社名	都道府県	住所
イグアノ社	大阪府	泉大津市豊中町
イクチオ社	大阪府	大阪市北区梅田
プテロダク社	大阪府	大阪市北区堂島浜

集合　縦方向に組み合わせる

社名	都道府県	住所
ティラノ社	東京都	世田谷区赤堤
トリケラ社	東京都	世田谷区桜丘
スピノ社	東京都	大田区鵜の木
プテラノ社	東京都	目黒区大岡山
イグアノ社	大阪府	泉大津市豊中町
イクチオ社	大阪府	大阪市北区梅田
プテロダク社	大阪府	大阪市北区堂島浜

図3-16　集合の場合は、縦方向に組み合わせる

○ 結合の場合は、横方向に組み合わせる

図3-17 結合の場合は、横方向に組み合わせる

○ 組み合わせの種類色々

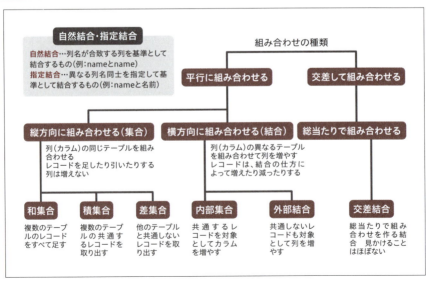

図3-18 組み合わせの種類

3-3-2 テーブルを縦方向に組み合わせて取り出す（集合）

集合は、テーブルを縦方向に組み合わせて取り出します。

集合の場合は、組み合わせるテーブル同士のカラム（列）が同一であることが条件です。集合には、和集合と差集合、積集合があります。RDBMSによっては、和集合しか対応していないこともありますが、その場合は少し複雑な命令の組み合わせを書くことで処理できます。

和集合（UNION＝ユニオン）

和集合は、該当するテーブルのレコードを合わせます。「UNION」というSQLの命令文を使うので、「UNION結合」という場合もあります。UNIONの意味は、「結合」という意味なので、何やら変な言葉ですが覚えておきましょう。テーブル同士で重複しているレコードがある場合は、重複を取り除かれます（図3-19）。

住所録①

社名	都道府県	住所
ティラノ社	東京都	世田谷区赤堤
トリケラ社	東京都	世田谷区桜丘
スピノ社	東京都	大田区鵜の木
プテラノ社	東京都	目黒区大岡山

住所録②

社名	都道府県	住所
イグアノ社	大阪府	泉大津市豊中町
イクチオ社	大阪府	大阪市北区梅田
プテロダク社	大阪府	大阪市北区堂島浜
プロトケラ社	愛知県	岡崎市上和田町
パラサウロ社	愛知県	名古屋市中村区名駅南
トロ社	愛知県	名古屋市中村区名駅南

和集合

社名	都道府県	住所
ティラノ社	東京都	世田谷区赤堤
トリケラ社	東京都	世田谷区桜丘
スピノ社	東京都	大田区鵜の木
プテラノ社	東京都	目黒区大岡山
イグアノ社	大阪府	泉大津市豊中町
イクチオ社	大阪府	大阪市北区梅田
プテロダク社	大阪府	大阪市北区堂島浜
プロトケラ社	愛知県	岡崎市上和田町
パラサウロ社	愛知県	名古屋市中村区名駅南
トロ社	愛知県	名古屋市中村区名駅南

住所録①と②にあるレコードを足す
重複しているレコードがある場合、取り除かれる

図3-19 結合のイメージ

積集合(INTERSECT=インターセクト)

積集合では、テーブルとテーブルの重複したレコードを取り出します。「INTERSECT」とも言います。「INTERSECT」は、「交わる」という意味で、交わった部分のレコードを取り出すということです(図3-20)。

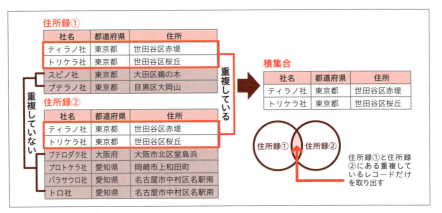

図3-20 積集合のイメージ

差集合(EXCEPT=エクセプト)

差集合は、主になるテーブルからもう一つのテーブルと重複する情報を引いたものです。「EXCEPT」を使います。「EXCEPT」は「除外する」という意味で、重複するものを除くということです(図3-21)。

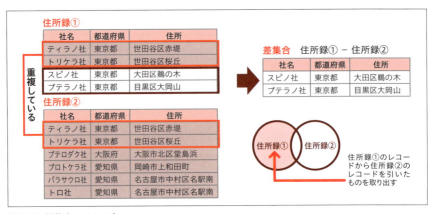

図3-21 差集合のイメージ

3-3-3 テーブルを横方向に結合して取り出す（結合）

結合は、横方向にテーブルを組み合わせます。カラム（列）を増やす形で結合します。そのため、カラムの構成が異なるテーブル同士を組み合わせます。レコードがどうなるかは、結合によります。

結合には、内部結合と外部結合があり、共通するレコードだけを対象にしたものが内部結合、共通しないレコードも組み合わせの対象にするのが外部結合です。

外部結合は、さらに左結合と右結合とがあり、どちらを主たるテーブルにするかで変わります。

内部結合（INNER JOIN=インナージョイン）

内部結合は、共通するレコードだけを対象として、カラムを増やす結合です。

共通しないレコードは、取り出されません。「INNER JOIN」とも言います（図3-22）。

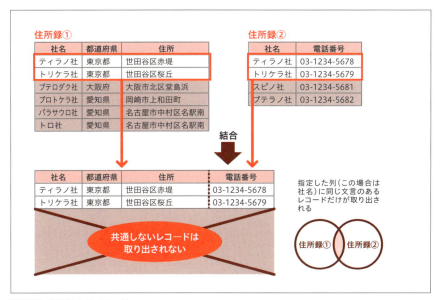

図3-22 内部結合のイメージ

外部結合（OUTER JOIN）

　外部結合は、「OUTER JOIN」とも言います。なんとなく、名前から和集合的なもののような気がしてしまいますが、少し違います。

　外部結合は、主となるテーブル（この場合は「住所録①」）のレコードをすべて取り出し、それに副となるテーブル（「住所録②」）を結合させます。

　そのため、主となるテーブルにあるレコードはすべて取り出されますが、副となるテーブルからは、共通するものしか取り出しません。

　主となるテーブルにあって、副となるテーブルに無い情報は、「NULL」（値がないことを示す特別な値）として扱われます。

　外部結合には、左結合（LEFT JOIN）と、右結合（RIGHT JOIN）があり、左結合の場合は最初に記述したテーブルが主、右結合は後に記述したテーブルが主となります（図3-23）。

　左結合だけで良いのではないかと思われるかもしれませんが、三つ以上のテーブルを結合する時に、結果が違ってきます。

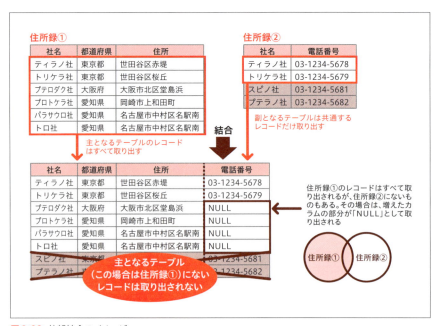

図3-23　外部結合のイメージ

Chapter3 データベースを操作してみよう 1

4 演算して取り出す

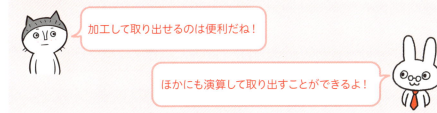

3-4-1 | 演算(計算)して結果を取り出す

演算（計算）して取り出すには、主に三つの方法があります。「演算子」を使う方法と、「関数」を使う方法、「集約関数」を使う方法です。

このうち、演算子と関数を使った場合は、一つのレコード内での演算（計算）になります。例えば、「都道府県」カラムと、「住所」カラムの情報を合わせるなどのやり方です。指定したレコードの分だけ取り出します。

一方、集約関数は複数のレコードを縦に計算します。「『都道府県』カラムが『東京都』になっているレコードの数はいくつか？」のようなケースで使います。そのため、結果として出てくるのは、計算結果だけです。レコードは表示されません（図3-24）。

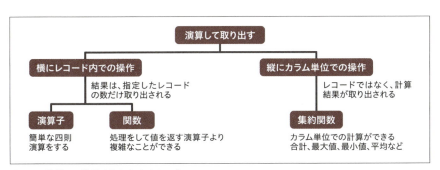

図3-24 演算して結果を取り出すイメージ

3-4-2 | 演算子

演算子は、カラムに対して、演算ができるものです。一つのレコード内で演算します。計算や比較などができる他、具体的にレコードを指定する時にも使います（図3-25）。

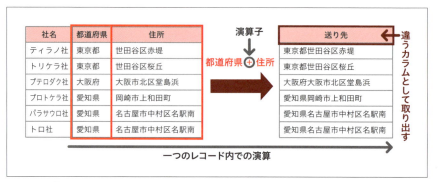

図3-25 演算子の例

レコードを指定する時にも使う

「都道府県 = '東京都'」　都道府県カラムが東京都である
「合計 > 10000」　合計カラムが10000より大きな数である
「BETWEEN 10 AND 20」　10以上20以下である
「住所 LIKE '％区'」　住所が○○区という文字列である

主な演算子の種類

演算子の種類	演算子	特徴
算術演算子	+, -, *, /, %, DIV, MOD	計算ができる演算子
比較演算子	=, <, >, =<, >=, <>	比較ができる演算子
論理演算子	AND, OR, NOT など	条件を組み合わせる演算子

3-4-3 | 関数

　関数とは、何か値を指定すると、その値に対して計算などの処理をして、その結果を返すものを言います。関数に渡す値のことを「引数(ひきすう)」、関数の結果の値のことを「戻り値(もどち)」と言います。また関数が結果の値を設定することを「値を返す(あたいをかえす)」と表現します。

　演算子と似ていますが、関数の方がより複雑なことができます。

　どのような関数が用意されているのかは、RDBMSによって違いますが、文字列の一部の取り出しや含まれているかどうかのチェック、三角関数などの数学の計算をするものなども含まれており、多彩な処理ができるのが特徴です。必要があれば、関数を自分で作ることもできます。

　そのため演算子は、簡単な結合や計算、レコードの指定など単純な操作に使われるのに対し、関数は、「指定した文字列を取り出す」「先頭の空白を削除する」「文字列を置換する」など、データを「処理」させる時に使います（図3-26）。

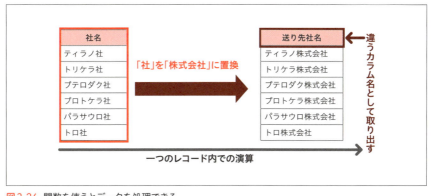

図3-26 関数を使うとデータを処理できる

他にも色々な処理をさせることができる

・引数以下で最大の整数値を返す／引数以上で最小の整数値を返す
・四捨五入する／小数点以下の切り捨て
・累乗や平方根、自然対数を返す
・文字列を連結する／挿入する／置換する
・文字列の長さを返す
・先頭や末尾の空白を削除する／指定した桁数で文字を埋める
・アルファベットの大文字を小文字へ、小文字を大文字へ変換する
・文字列を検索する
・日付や時刻を取得する

主な関数の種類

関数の種類	関数の例	特徴
数値関数	FLOOR関数、CEILING関数、ROUND関数	数学の計算をするための関数。値の丸めや累乗、正負の変換など。
文字列関数	CONCAT関数、REPLACE関数、CHAR_LENGTH関数	文字列の操作をする関数。大文字・小文字の変換や部分的な文字列の取り出し、置換、結合、など。
日付および時間関数	CURDATE関数、CURTIME関数、NOW関数	日付や時間を計算する関数。現在の日時を得たり、曜日を計算したり、日時の差を求めたりできる。
その他の関数	CONVERT関数、CAST関数	データ型の変換、XML操作や暗号化、ビット演算など。

3-4-4 集約関数

　集約関数は、カラム（列）単位での合計や平均、最大、最小、データの個数などを求めることができます。また、集約関数に条件を指定すると、絞り込みもできます（図3-27）。

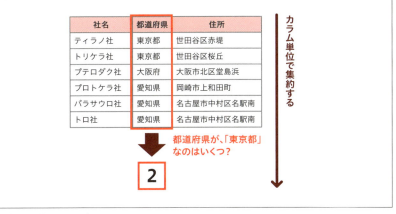

図3-27 集約関数のイメージ

他にも色々な集約ができる

・合計値を取得する

・平均値を取得する

・最大値／最小値を取得する

・偏差値を取得する

主な集約関数の種類

集約関数	説明
SUM()	合計を取得する
AVG()	平均値を取得する
COUNT()	行数を取得する
MAX()	最大値を取得する
MIN()	最小値を取得する

Excelでも見かける関数だね！

　このように、ただ「取り出す」のではなく、組み合わせたり、演算して取り出せるのがデータベースの長所です。取り出しをうまく使いこなせることが、性能の良いデータベースシステムを作れるかどうかの鍵となってきます。

Column

命令語の種類

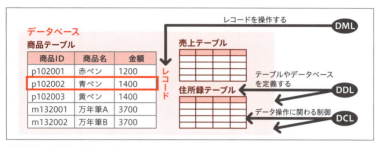

図3-28 命令語のイメージ

　SQLには、英語で言うなら動詞のような位置づけにあたる「命令語」があります。命令語は、操作の種類ごとに三つ（データ操作言語、データ定義言語、データ制御言語）に分けられます（図3-28）。そのうち特に使用頻度が高いのは、データ操作言語です。

①データ操作言語（DML ＝ Data Manipulation Language）
　レコードを操作する言語です。実際のデータを出し入れするための命令です。

②データ定義言語（DDL ＝ Data Definition Language）
　データベースやテーブルなどの定義に関わる言語です。どのような形式のデータを入れることができるのかなど、格納できるデータの書式などを定義します。

③データ制御言語（DCL ＝ Data Control Language）
　データ操作に関する制御を取り扱う言語です。データベースやテーブル、データ全体に対して権限を与えたり、処理を書き込んで確定させたり、処理したけれどもやはり最後に元に戻したりするといった処理をします。

Chapter4
データベースを操作してみよう2
―データを守る技術と便利な技術

4-1 データを守るための仕組み

4-2 データ型と制約

4-3 トランザクション処理

4-4 ロックとデッドロック

4-5 データベースを扱う技術

4-6 インデックス

4-7 ビュー

4-8 ストアドプロシージャ

4-9 トリガー

データベースには、データを守るための仕組みや、利用しやすくするための考え方が備わっています。現代では、データベースは一つの大きな財産です。こうした仕組みを上手く利用することで、データベースを安全に使いこなしましょう。本章では、データを守る技術や便利な技術について説明します。

Chapter4 データベースを操作してみよう2

1 データを守るための仕組み

いろんな命令を出せるとは言うけど、間違った命令を出してデータベースを壊してしまったりしたらどうしよう…。

心配しないで。RDBMSには、データを守るためのいろんな仕組みがあるんだ。

● 4-1-1 データを守る三つの仕組み

　前章までの説明で、プログラムや人がデータベースに対して色々な命令を出せることがわかってきたでしょうか。

　しかし、操作に不慣れな人や、悪意のある人が「良くない命令」を出したらどうなるでしょう。例えば、「0」がありえないところに0を入力してしまって、「0で割り算できない」というエラーが発生したり、まだ登録していない顧客IDが入力されて、誰宛の注文なのかがわからなくなってしまったりするかもしれません。

　このような状況のことを「データの不整合」と言います。この章では、これを未然に防いで起こさないようにする仕組みについてお話しします。

　RDBMSには、このようなデータの不整合を防ぐ以下のような仕組みが用意されています。

---

①不整合を起こすデータを入れさせない仕組み
②一人のユーザーが行う動作について不整合を起こさせない仕組み
③複数のユーザーが同時に行う動作について不整合を起こさせない仕組み

①は、おかしくなるデータを始めから入れさせないように、入れられるデータをある程度決めておくということです。「どんな種類のデータか」「どのくらいの長さのデータか」などをあらかじめ決めておきます。入れられるデータの種類を「データ型」、「空欄を許さない」「重複を許さない」などのルールを「制約」と言います（図4-1）。

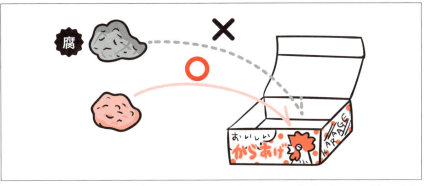

図4-1　「食べられる唐揚げ」だけが箱に入れられるイメージ。入れられるデータはあらかじめ決めておき、不整合を起こしそうなデータは入れない

また、「②一人のユーザーが行う動作について不整合を起こさせない仕組み」のことを**トランザクション**、「③複数のユーザーが同時に行う動作について不整合を起こさせない仕組み」のことを**ロック**と呼びます。

難しそうな単語ですが、大した話ではありません。トランザクションとは、「何かをやる時に中断した時の対策」のことで、ロックとは、「同時に皆で何かをすると混乱するから、一人ずつ行う」ということです。

データベースを学ぶ時に、「トランザクションがよくわからない」「ロックがよくわからない」という話をよく聞きます。現場でも「トランザクションを設定してるからロックはしなくて良いと思ったら、実は必要だった」といった勘違いもあるようです。

「不整合を起こさない」という点では共通しているため、この二つを混同してしまいがちですが、簡単に言うと、トランザクションとロックの違いは、図4-2で示すように、タイミングが違います。

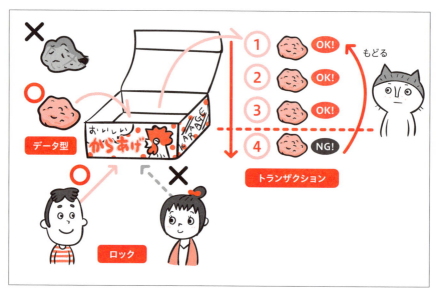

図4-2 一連の動作に不整合を起こさせないトランザクション、同時書き込みに対するロック

　例えば、唐揚げがあったとします。一人のユーザーが「唐揚げを手に取って、冷蔵庫に入れて、個数を記録する」までの動作をワンセットとして、もし途中で唐揚げを落としてしまったら、最初からやり直せるのがトランザクションのイメージです。つまり、データベースの処理に失敗したら、一連の動作を無かったことにするのです（図4-3）。

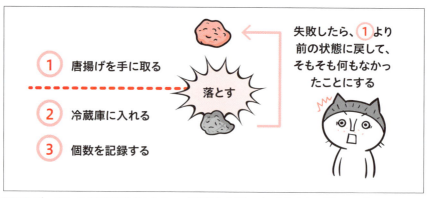

図4-3 データベースの処理に失敗したら、一連の動作を無かったことにするのがトランザクション

ロックは、同時に一つの唐揚げを複数ユーザーが奪い合いにならないように、「僕は唐揚げを食べます！」と宣言したら、他の人はその唐揚げに手を出せないようにする仕組みです。データベースにアクセスできるユーザーを絞り、他のユーザーに操作をさせません（図4-4）。

図4-4　データベースにアクセスできるユーザーを絞り、他のユーザーに操作をさせないのがロック

　なんとなく、違いはわかったでしょうか。データベースの中のデータがおかしくなってしまうと、システム自体に大きな影響があります。例えば、SNSへのログイン情報を管理しているデータベースのデータが壊れてしまったら、ログイン自体ができなくなります。そのようなことが起こらないよう、あらかじめ色々な設定をしておくというわけです。

Chapter4　データベースを操作してみよう 2

2 データ型と制約

唐揚げプレゼントキャンペーンに応募してみたけど、電話番号を漢数字で入力したらエラーが出たよ

不便と感じるかもしれないけれど、入力を制限するのには意味があるんだよ。

● 4-2-1 | データ型と制約とは

　リレーショナルデータベースでは、テーブルの各カラム（列）に、それぞれどのようなデータ（値）が入るかが決められています。決める内容は主に以下の三つです。

①データ型
②データ（値）の長さ
③条件（制約）

　何やら大げさな感じがしますが、要は会社の書類の形式を決めるように「どんな種類の値を、どのくらいの長さで入れるのか」「空欄を許すのかどうか」といった話と同じです。ただし、この形式をきちんと決めておかないとデータベースの強みを生かせませんし、正しい結果が出せなかったり、システムの誤動作を引き起こす原因になったりする可能性があります。そのため、最初にテーブルを設計する時にこの形式を決めておく必要があるのです（図4-5）。

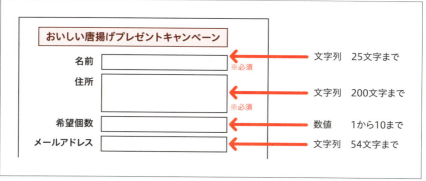

図4-5 申し込みフォームに入力される情報の種類はこのようにあらかじめわかる

4-2-2 データ型とデータの長さ

　データ型とは、データ（値）の種類です。文字列が入るのか、それとも数値が入るのかなど、入れるデータの種類を決めます。既に3章のコラムで説明したとおり、文字列なのか、数値なのかによって、データの扱われ方が変わるため、設定します。

　データ型は一度決めたら、後から変更はできません。さらに、一つの列には必ず一つのデータ型を設定する必要があり、未設定や、複数のデータ型とすることはできません。「住所の列には、文字列型と数値型の両方を設定しよう」などということはできないのです。そのため、データベース設計時に「この列はどのように扱う予定があるのか」をよく検討しておく必要があります。

　また、一口に「文字列」「数値」と言っても、データ型は複数あります。例えば、文字列を扱うデータ型には、「VARCHAR」「CHAR」などの種類があります。これらは、「文字の長さの扱いをどうするか」や「扱える最大文字数」が違います。RDBMSによっては、この他に「TEXT」などもあります。これらはそれぞれ形式が違うので、どれを選ぶか考えなくてはなりません。

　データ型の中にもさらに色々な種類があるなんて、「なんだか面倒な話になってきたぞ！」と警戒したくなるかもしれませんが、大丈夫です。

データ型には、いわゆる定石のような「大概はこれにしておくことが多い」設定があるので、最初のうちはそれに設定しておきましょう。

分類① 文字列を扱うデータ型

このタイプは、文字も数字も扱うことができます。この場合、数字も「文字列」として扱われるので、計算はできませんが、一方でデータをそのまま保存するメリットもあります。

文字列型の場合、データ型の種類に「固定長」と「可変長」というものがあることに気づくはずです。これは、入力した値が規定の文字数未満だった場合にどのようにデータを格納するかという形式です。「固定長」は、毎回格納するデータのサイズが決まっており、設定した長さに満たない場合は、空白や0で埋められます。帳票印刷で幅を定めたい場合などに便利です（図4-6）。

一方、「可変長」は文字通り格納するデータのサイズは変わります。短いデータであれば、格納されるサイズは小さくなります。

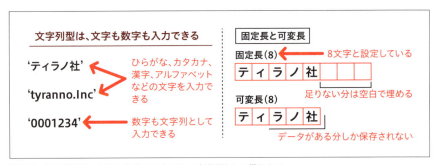

図4-6 文字列型は、文字も数字も入力でき、文字列として扱われる

主な文字列型

扱う対象	型の種類と特徴
固定長の文字列	指定した長さの文字列を格納する型（CHAR）
可変長の文字列	指定した長さ以下の可変長の文字列を格納する型（VARCHAR, TEXT）

分類② 数値を扱うデータ型

このタイプで扱えるのは数値のみで、文字列を入れることはできません。四則演算できることが大きな特徴です。示せる値の範囲や小数点以下も扱うかなどによって、いくつかの種類があります。

とはいえ、整数しか入力しないとわかっている場合は、「整数型」、小数点を扱いたい場合は「浮動小数型」、金銭を扱いたい場合は、「固定小数型」を使うことがほとんどです。

またこのタイプは「値だけを保存する」性質があるため、「00123」などの「0」から始まる数字は0が省略されてしまいます。そのため、どうしても0から始めたい場合は文字列型を使います（図4-7）。

図4-7 数値を扱うデータ型

主な数値型

データ型	型の種類と特徴
整数型	整数を扱う型。小数点以下の数字は入力できない。正の数のみ扱うか、正負両方を扱うかは、設定で決める。扱える数字の範囲は決められている。（INT, BIGINT など）
浮動小数型	小数まで扱う型。入力した数字の桁数によって、自動的に小数点以下の数字を何桁まで扱うか決まる型。（FLOAT, DOUBLE など）
固定小数型	小数まで扱う型。設定時に、小数点以下の数字を何桁まで扱うか決める型。（DECIMAL など）
ビット値型	指定されたビット数を格納する型（BIT など）

○ **分類③　日付と時間を扱うデータ型**

このタイプは、日付や時刻を扱うデータ型なので、存在しない日にちや時間は入力できません。例えば、「13月」や「35日」は入力できません。

値は「'YYYYMMDD'」のように連続で書くこともできますし、「'YYYY-MM-DD'」「'YYYY^MM^DD'」のように区切り文字を入れて書くこともあります。使える区切り文字はRDBMSによって異なるため、注意が必要です（図4-8）。

図4-8 日付と時刻のデータ型の入力例

主な日付と時間型

扱う対象	型の種類と特徴
日付	日付を格納する型（DATE など）
時刻	時刻を格納する型（TIME など）
日付と時刻	日付と時刻の両方を格納する型（DATETIME、TIMESTAMP など）

● **4-2-3 │ 制約**

データベースでデータを扱うのに、好き勝手な値を入れられては、データを扱いづらくなります。そのためデータ型や長さを決めるわけですが、

他にも「空欄を許すかどうか」「値の重複を許すかどうか」などの制約を付けることができます。

○ 非NULL制約

これまでも時々出てきている「NULL（ヌル、ナル）」とは、「何も設定されていない」ことを表す言葉です。「まだ設定されていない場合」や「今後設定しようとしている場合」などを表現する時に使われ、どのデータ型にも設定できます。

「NULL」は、「0（ゼロ）」とは違います。「何も無い」ことは同じですが、「NULL」は空欄であることを表し、「0」は「0」という値があることを表しています。

図4-9 NULLはまだ何も設定されていないこと。唐揚げ屋で「唐揚げ0円」ならタダのことだが、「NULL円」であれば価格が未設定なので、もしかしたら時価かもしれない

　図の冗談はさておき、「非NULL制約」とは、「NULL」つまり空欄を許すかどうかということです。

　プレゼントの応募フォームに「名前と住所は必須」などの文字を見たことは無いでしょうか（図4-10）。あれは「名前と住所」の項目は「非NULL」、つまり空欄であることを許さず、その他の項目についてはNULLを許す、ということになります。

　応募フォーム自体はプログラムで制御していますが、どうしてそのように制御するかと言うと、そもそもデータベースへの書き込みがそのように制限されているからなのです。

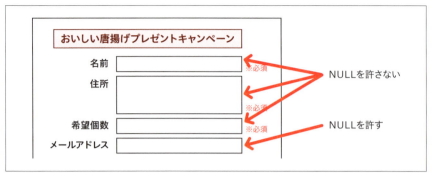

図4-10 応募フォームによく見られる、「※必須」はNULLを許さない

○ 一意性制約

「一意性制約」は、「同じカラム内に同じ値を許さない」という制約です。データベースの性質上、主キーを設定している限りはまったく同じレコードは存在しませんが、住所や電話番号など、特定のカラムのみ、値が重複することはありえます。

例えばプレゼントの応募フォームで、同じ家に住む兄弟がそれぞれ応募したとしたら、名前は違っても住所は同じになります。電話番号も家の番号を書けば同じです。

実施するキャンペーンが「一世帯につき、応募は一つまで」というルールなのであれば、「同一住所を許さない」という制約を付ければ、応募できなくなります（図4-11）。

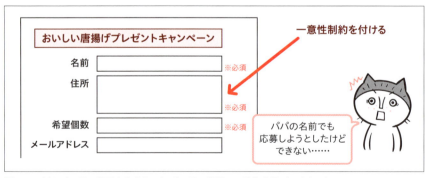

図4-11 例えば、同一住所を許さなければ、同じ世帯での重複応募ができなくなる

○ 参照制約

　参照制約は、「参照しているテーブルに無い値は入れられない」という制約です。例えば、文房具屋さんの注文一覧に、取引先住所録には無い取引先のIDを入れてしまったら、どこから注文があったのかわかりません。しかし入れる人も人間ですから、番号や名前を打ち間違えてしまうこともあるでしょう。これを防ぐのが参照制約です。

　「1103」番と、「1113」番を打ち間違えるような、テーブルに存在する番号の打ち間違えは防げませんが、「2345」番のような無いものを入力するミスは防げます。

　このように、データ型や制約を設けることによって、不適切なデータが入力できないようにしています。

日付	注文番号	会社	商品	数	分類		取引先番号	会社	住所
2018年9月4日	2018090001	1101	p102001	1箱	ペン		1101	ティラノ社	東京都世田谷区
2018年9月4日	2018090002	1103	p102002	1箱	ペン		1103	モサ社	東京都世田谷区
2018年9月4日	2018090003	1113	p102001	2箱	ペン		1113	イクチオ社	大阪府大阪市
2018年9月4日	2018090004	1106	p102003	3箱	ペン		1106	ステゴ社	東京都大田区
2018年9月7日	2018090005	1104	m132001	1箱	万年筆		1104	スピノ社	東京都大田区
2018年9月8日	2018090006	1101	p102001	5箱	ペン		1102	トリケラ社	東京都世田谷区
2018年9月8日	2018090007	1103	p102002	1箱	ペン				
2018年9月9日	2018090008	1102	p102001	3箱	ペン				
2018年9月11日	2018090009	1101	p102001	1箱	ペン				
2018年9月11日	2018090010	1103	m132001	1箱	万年筆				
2018年9月11日	2018090011	2345	p102002	1箱	万年筆				
2018年9月13日	2018090012	1101	p102003	3箱	ペン				
2018年9月14日	2018090013	1103	p102003	1箱	ペン				

住所録に存在しない値は入れられない

図4-12 参照しているテーブルに無い値を入れることはできない

Chapter4　データベースを操作してみよう2

3 トランザクション処理

データベースをいじっている途中で、サーバが落ちたらどうしよう！

大丈夫。もとの状態に戻してくれる仕組みがあるんだ。

4-3-1 トランザクションとは

　データベースを更新する時に、一連の処理をまとめて実行しないとデータがおかしくなってしまうことがあります。それを防ぐための仕組みが**トランザクション**です。

　あなたの周りに、話をしている最中なのに「わかった、わかった！」と話をさえぎって、何かをやりはじめてしまう人はいませんか。例えば「唐揚げを20個買ってきて食べていいよ、だけど半分は明日の分として冷蔵庫に入れておいてね」と伝えたいのに、「唐揚げを20個買ってきて食べていいよ」だけを聞いて、家から飛び出してしまっては、後半の指示が実行されません。帰ってきたら冷蔵庫に唐揚げがあると思ったのに、20個全部食べられていたら予定が狂ってしまいます。

図4-13　指示は最後まで聞いてから実行しないと、予定が狂ってしまう

これと同じことがデータベースにも言えます。さすがにデータベースは、指示の最中に飛び出していくようなことはしませんが、突然、通信が途切れたり、処理中にアプリケーションが異常終了するなどの要因によって、指示が途中になってしまうことはあります。その場合に、データがおかしなことになってしまうのです。

唐揚げで例えると、お店で買ってきた唐揚げを箱から10個出して、冷蔵庫に入れるとします。すると冷蔵庫には唐揚げが10個増え、箱の中からは唐揚げが10個引かれます。当たり前のことです。

これがもし、冷蔵庫に唐揚げが10個増えた段階で、処理が止まってしまったらどうなるでしょう。冷蔵庫には唐揚げが10個増えたにもかかわらず、箱の中からは唐揚げが減っていません。錬金術のように唐揚げが増えてしまっています！

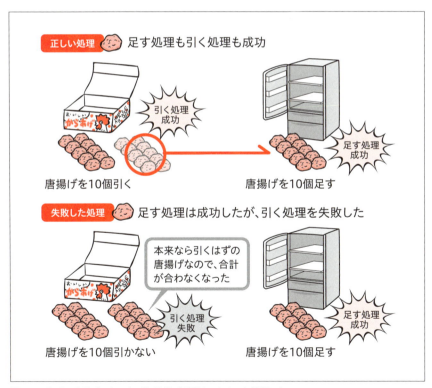

図4-14 処理に失敗すると、なぜか唐揚げが増えてしまった状態になる

足す処理が先だったので唐揚げは増え、唐揚げ好きは喜ぶかもしれませんが、もし引く処理が先ならどんどん減っていきます。銀行の振込システムやお店の売上管理システムで同じことが起きたら大変なことで信用問題に関わりますし、社会全体が混乱してしまうでしょう。やはり、処理は正しく行われなくてはなりません。

　このような事態を防ぐために、処理をまとめてセットにして「全部実行した」か「全部実行していない」のどちらかの状態にする仕組みが「トランザクション」です。

　データベースに何か働きかける場合にはSQLを使いますが、トランザクションを指定しない場合は、SQLは1文ずつ実行[1]され、データベースに書き込まれます。

　一方、トランザクションを設定していれば、途中で失敗した時は、囲んだ部分のSQLの実行はすべて無かったことにされ、実行前に戻ります。これを「**ロールバック（Rollback）**」と言います。

　データベースへの処理を確定する操作のことを「コミット(Commit)」[2]と言いますが、「START TRANSACTION」や「BEGIN TRANSACTION」などの始まる言葉と「COMMIT」という文言で囲った範囲がワンセットのトランザクションです。

　唐揚げの場合なら「唐揚げを箱から引く」「唐揚げを冷蔵庫に足す」処理をセットにして、もし途中で処理が失敗したら、すべてを無かったことにするわけです。これで唐揚げの総数は変わりません。

---

[1] 1行のSQLを入力すると、すぐに実行されて確定しデータベースに書き込まれるのは、デフォルトでは、オートコミットと呼ばれる機能が有効になっているためです。オートコミットは、無効にすることもできます。無効にすると、「COMMIT;」と入力するまでは、その処理が確定しなくなります。
[2] 「コミットする（完遂する）」という言葉として聞いたことがあるのではないでしょうか。

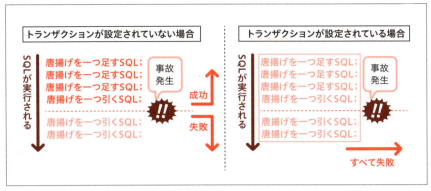

図4-15 処理をまとめてセットにして「全部実行した」か「全部実行してない」の状態にする仕組みがトランザクション

　ロールバックは、「やはり処理をやめたい」と宣言するSQL文を書くことでやめることもできます。
　いくつかのSQLを実行していたけれども、キャンセルしたい、開発中にデータを変更したくないけれどもどうなるか試してみたいという時などにも、ロールバックを使うことがあります。

　トランザクションは次の四つの特性を持つもので、これらを「ACID特性」（表4-1）と言います。データベースの基本的な考え方に関係しますから、意識しておくと良いでしょう。

・原始性 （Atomicity）	すべて実行されるか、されないかのいずれかの状態になる
・一貫性 （Consistency）	トランザクションの前後でデータの整合性が矛盾しない
・分離性 （Isolation）	トランザクション実行中は、処理途中のデータは他のユーザーの処理からは見えないし、影響も無い
・永続性 （Durability）	トランザクションが完了したら、永続的に保存される

表4-1 トランザクションの特性

Column

トランザクション分離レベルとは

　トランザクションはまとめて処理するための仕組みなので、それを実現するために、処理中に他のユーザーにアクセスを待ってもらうことがあります。その時に他のユーザーがどのくらい自分の処理の合間に割り込むことができるのかという度合いが、「トランザクション分離レベル」です。

図4-16 トランザクション分離レベルのイメージ

①READ UNCOMMITTED

　一番低い分離レベルです。まだ確定されていないデータを読み込む可能性があります。確定前のデータを読み取ることを「ダーティリード」と言います。ダーティリードで読み込んだデータは、ロールバックされた時などに、そのデータはもう存在しないデータとなってしまうので、正しい結果とは言えません。

②READ COMMITTED

　ダーティリードを解決したものです。確定されたデータしか読み取りません。多くのRDBMSではデフォルトになっています。READ COMMITTEDでは、あくまでもコミットされたデータしか読み取らないというだけなので、レコードを参照した後で他の

ユーザーが書き換えれば、その書き換えた内容はすぐに反映されます。つまり同じ命令を実行しても、一回目と二回目とで、他のユーザーの処理が割り込むことによって結果が変わる可能性があります。これを「ノンリピータブルリード」や「ファジーリード」と言います。

③REPEATABLE READ

　ノンリピータブルリードの問題を解決したものです。トランザクションを開始する時に、現在のテーブルの状態のスナップショット（その瞬間のコピーのこと）を作ることによって、トランザクションの間、他のユーザーがトランザクションに対して行った変更の影響を受けないようにしたものです。ただしトランザクションの処理中に、他のユーザーが追加したレコードが現れることがあります。これをファントムリードと呼びます。

④SERIALIZABLE

　トランザクションを完全に分離して処理します。もっとも高い分離レベルですが、これを実現するために、読み込んだすべてのレコードに行ロックをかけます。そのためロックの競合が多発し、パフォーマンスが大きく低下する恐れがあります。そのためあまり使われることはありません。

Chapter4 データベースを操作してみよう 2

4 ロックとデッドロック

映画館の座席予約システムって、手続き中に
他の人が席を取りそうで心配だよね。

大丈夫！ DBは賢いから、手続き中に
他の人が操作できないようにできるよ。

● 4-4-1 │ ロックとは

　自分が操作する一連の操作をどのように処理するのかの挙動を決めるのがトランザクションであるのに対して、ロックは、他のユーザーに対して処理の「待った」をかける仕組みです。

　ロックとは、データにアクセスしている間に他のユーザーが読み書きできないようにするため、アクセス制御をして一時的に待ってもらう仕組みのことです。

　例えるとイラストのように、買おうとしているあいだに、残り1個の唐揚げを他の人に買われてしまうようなことが起こるかもしれません。このような事態を防ぐために、買おうとしている唐揚げに他の人がアクセスできないようにする仕組みがロックです。

図4-17 残り一箱となった唐揚げを買おうと思ってモタモタとかばんから財布を出している間に、後から来た人がさっとお金を払い、唐揚げを持って行ってしまったら…。楽しみにしていた唐揚げが取られてしまっただけでなく、腹が立ってその日は寝られないかも

ロックの例としてもっともわかりやすいのは、映画館や劇場の座席予約システムでしょう。予約操作をしている最中に他のユーザーがそれを書き換えると、席がダブルブッキングされてしまいます。そのため、誰かが席を選択して操作している最中は、別のユーザーがその席を予約できないようにロックをかけるのです。

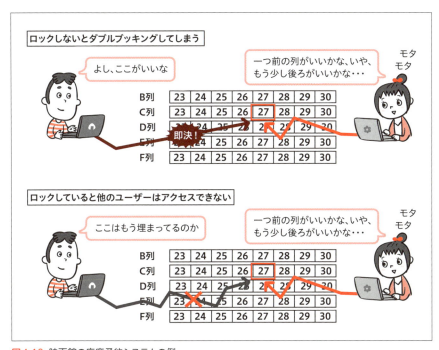

図4-18 映画館の座席予約システムの例

実はロックは、わざわざかけなくても、一つのSQL文の実行単位で自動的に設定されます。例えば、SQL文を実行して書き込もうとしている瞬間は、他のユーザーが読めないように一時的にロックがかかります。しかしこのようなロックは一瞬だけで、SQL文の実行が終わればロックは解除されます。つまり一つのSQL文の実行は保護されるのですが、一連の動作が保護されるわけではないのです。

そのため、明示的にロックをかける必要があります。データベースへの処理は、いつでも一行単位です。これは先に説明したトランザクショ

ンの場合も同じです。トランザクションを設定していたとしても、ロックをかけなければ、その処理の合間に他のユーザーが割り込む恐れがあるので注意してください（どの程度割り込めるのかは、先ほどのコラムで紹介したトランザクション分離レベルによります）。

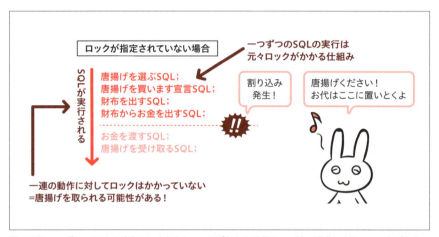

図4-19 一つずつのSQLの実行は、もともとロックがかかる仕組み。一連の動作に対してロックがかかっていないと、誰かに唐揚げを取られる可能性がある

4-4-2 ロックの範囲と種類

　ロックは、テーブル全体の範囲にかけることもできますし、特定のレコード範囲だけにかけることもできます。またロックには種類があり、「**共有ロック**」と「**排他ロック**」があります。誰かが操作をしている最中に、他のユーザーに「何をさせたくないのか」という観点から選びましょう。

○ 共有ロック（読み取りロック）

　「自分が読み込んでいる最中だから、書き込まないで欲しい（データベースを変えないで欲しい）」という考えです。例えば、24時間販売している唐揚げ屋で、毎日0時にレジを締める（その日の売り上げを計算する）とします。計算している最中に唐揚げが売れると話がややこしく

なるので、その計算をしている間は、唐揚げを売りません。集計中は、唐揚げの数や売上金額が変わらないようにします。

このようなロックを「共有ロック」または「読み取りロック」と言います。言葉からイメージすると他人の読み取りをロックするような気がしてしまいますがそうではなく、自分が読み取っている最中であることを宣言して、相手の書き込みを制限するロックです。

このロックは、同時に複数のユーザーがかけることができます。そのため「共有」と言うのです。

図4-20 自分が読み込んでいる最中であることを宣言して、相手の書き込みを制限する

排他ロック（書き込みロック）

「自分が書き込んでいる最中だから書き込まないのはもちろん、（値がまだ確定していないから）読み込まないで欲しい」というロックです。

これを「排他ロック」または「書き込みロック」と言います。排他ロックは、「排他」というだけあって、あるユーザーがかけたら他のユーザーはかけられません。

こちらも他人の書き込みをロックすると言う意味ではなく、自分が書き込み中なので他のユーザーは書き込みも読み取りもしないで欲しいと制限をかけるロックです。

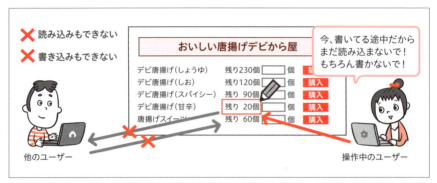

図4-21 自分が書き込んでいる最中であることを宣言して、相手の書き込みや読み込みを制限する

　共有ロックがかかっている場合、他のユーザーは、さらに共有ロックをかけることができますが排他ロックをかけることはできません。排他ロックがかかっている場合は、さらに共有ロックと排他ロックのどちらもかけることはできません。

　ロック機能を使う時は、必要最小限の狭い範囲に使うことが重要です。そうしないと、待たされるユーザーが多くなり、全体の処理パフォーマンスが落ちる結果となるからです。

図4-22 共有ロックにはさらに共有ロックをかけられる。排他ロックは解除されるまで何もできない

4-4-3 デッドロック

　ヘビはカエルを食べ、カエルはナメクジを食べますが、ナメクジはヘビを溶かすとします。ヘビとしては、カエルを食べたいところですが、カエルを食べてしまうとナメクジが襲ってくる可能性があります。カエ

ルやナメクジにとっても状況は同じです。これを「三すくみ」（図4-23）と言いますが、データベースでも同じことが起こります。これを「**デッドロック**」と言います。

デッドロックとは、ロックがかかっている場合、そのロックが解除されるまで待ちますが、互いにロックが解除されるまで待ち続けて八方塞がりの状態になることがあります。このような状態を言います。

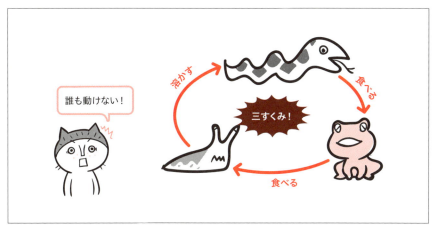

図4-23　AがBを倒した場合、Cに倒されるのがわかっているので動くことができない

　具体的な例をあげると、唐揚げ屋の本店ではしお味の売り上げが良く、ニンジン通り店ではスイーツの売り上げが良いため、急遽ニンジン通り店にある塩味70個を本店へ（トランザクションA）、本店にあるスイーツ60個をニンジン通り店へ（トランザクションB）移すことにします（図4-24）。

　この時、どちらのトランザクションもテーブルロックをかける処理をしている場合、トランザクションAは、ニンジン通り店から塩味70個を削除した段階でニンジン通り店のメニューをロックします。本店に塩味70個を追記するまでロックは外れません。

　一方、トランザクションBも本店からスイーツ60個を削除した段階で本店のメニューをロックしており、それがちょうどトランザクションAが塩味70個を書き込みたいタイミングだったので、お互いにロック

する状態になってしまいました。これがデッドロックです。

このようなにっちもさっちもいかなくなった場合、RDBMSにはデッドロックを検知する仕組みがあり、もし発生した時は両方とも失敗させることでデッドロックを解決します。

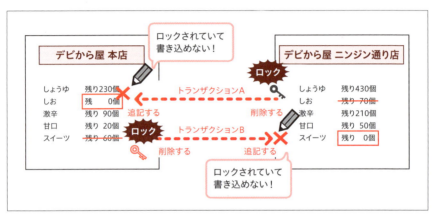

図4-24 ロックがかかっている場合、そのロックが解除されるまで待つが、互いにロックが解除されるまで待ち続けて八方塞がりの状態に

データベースを操作する時はデッドロックがかからないように工夫することが必要です。そのためには、ロックの範囲を狭めることです。この例ではテーブルロックをかけたのでデッドロックが発生しましたが、仮に変更しているレコードだけのロックをかけるのであれば、互いに待ちの状態にならないのでデッドロックにはなりません。

Chapter4 データベースを操作してみよう 2

5 データベースを扱う技術

データベースって、使いこなせると名人になれそうだね！

他にもテクニックがあるから、紹介していこう。

● 4-5-1 | プログラムから扱いやすくなる仕組み

　これまでも説明したように、データベースシステムではプログラムからRDBMSに命令することでデータベースを操作しますが、RDBMSには、そうした操作時にデータがプログラムから扱いやすくなったり、処理をより高速にするための仕組みが備わっています。本章では、その色々な仕組みについて紹介します。

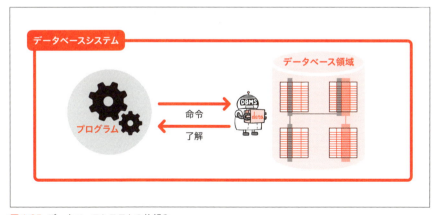

図4-25 データベースシステムの仕組み

これらの仕組みは、システムを構築する上で必須の機能というわけではありませんし、プログラムで実現できるものもあります。しかし有効活用することで、システムの処理速度を上げ、使う人がストレスを感じにくいシステム作りへとつながります。

①検索を速くする仕組み（インデックス）
②仮想的なテーブル（ビュー）
③命令をまとめて実行する仕組み（ストアドプロシージャ）
④特定の動作に連動して処理をする仕組み（トリガー）

図4-26　RDBMSの便利な仕組み

　「インデックス」は設定することで、検索速度が速くなります。
　「ビュー」は仮想的なテーブルを作る機能です。テーブル同士を合体させたものを新しいテーブルのように扱えたり、ビュー自体に権限の設定ができるため、アクセスできるユーザーを管理できます。
　「ストアドプロシージャ」は、自分で命令を組み合わせて実行する仕組みです。ユーザー定義関数とも言います。
　「トリガー」はその名のとおり、何らかの動作に紐付けて、処理をスタートさせる仕組みです。
　それでは一つずつ説明していきましょう。

インデックス・ビュー・ストアドプロシージャ・トリガーを使えるようになると、データベースが扱いやすくなるよ！

6 インデックス

うーん、検索の速度が遅い気がするんだよね…。

インデックスを使うと速くなるよ。

4-6-1 インデックスとは

例えば、大量の同じような見た目の唐揚げが並んでいる中から、味ごとに種類を分別しろと言われたら大変です。そんなことをわざわざしなくても良いように、味ごとに印を付けるなり別の箱に入れておいて欲しいと思うでしょう。そんな場面で役に立つのがインデックスです（図4-27）。

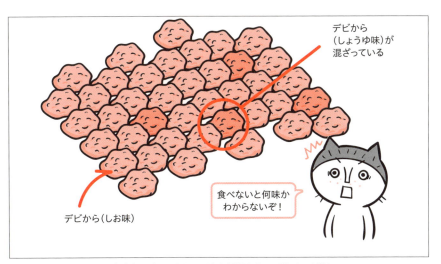

図4-27 たくさんの唐揚げ（データ）の中から、違う種類をすぐに選ぶのは難しい

データベースで何かの値を検索する場合は、どのテーブルの、どのカラムを検索するか指定します。なので簡単に検索できるような気がしますが、レコードが何万行もある場合、上から一つずつ見ていくのでは、目的の情報を探し出すのに時間がかかってしまいます。

　そこで、おおよそどこにあるか当たりを付け、検索を高速化するために作るのがインデックスです（図4-28）。

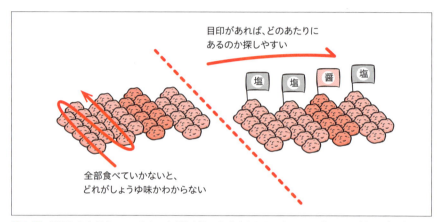

図4-28 最初から全部食べていかないとどれがしょうゆ味かわからないけれど、目印があれば、どのあたりにあるのか探しやすくなるのと同じ

　インデックスを設定すると、設定した列と主キーやインデックス番号を組み合わせた「インデックス」というテーブルのようなものが作られます。この時、レコードを見つけやすいように並べ替えたり、似ているものを近くに置いたりなどの配慮がされます。

　検索した場合は、インデックスを探しますが、並べ替えられていることでおおよそ何番目くらいの場所にあるかは特定できるため、頭から順番に探すのではなく、ありそうなゾーンを調べます。わかりやすく例えれば、アイウエオ順に並べたインデックスが作成され、「ヴェロキラ社」を探す時には、「ウ」は一覧の前半のア行にあるぞ、とアテを付けて探していくようなイメージです。一つずつレコードを探さなくてよいため、高速化につながります（図4-29）。そしてインデックスで該当の項目が見つかれば、そこに紐づけられたレコードを結果として返します。おお

よそどのくらいの場所にあるのか探す方法として、「B木（B tree）」が有名です。

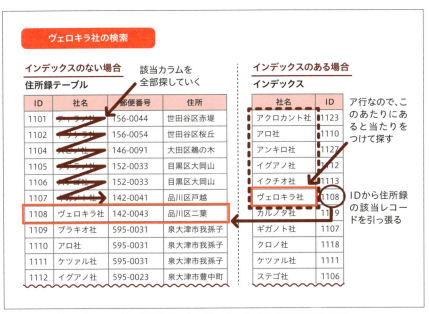

図4-29 取引先のヴェロキラ社の住所を調べたい時、インデックスがあれば探しやすい

　なお、インデックスはわざわざ設定する方法の他に、主キーや外部キーとした列に自動的にインデックスが作られます。一つだけでなく、二つの列をセットでインデックスを作ることもできるため、よく使いそうなものは作っておくと良いでしょう。

　ただし、インデックスを作るとそれだけディスク容量を消費します。またデータを更新する時にはインデックスも更新する必要があるため、更新のパフォーマンスは若干低下します。ですから、比較対象に使う列にはインデックスを設定したほうが良いですが、あまり比較に使わない列にはインデックスを設定するメリットはありません。

Chapter4 データベースを操作してみよう 2

7 ビュー

いつも唐揚げを買う時に何味か迷ってセットにすることが多いよ。

データベースにも、唐揚げセットみたいな便利な機能があるよ。

4-7-1 | ビューとは

ビュー（view）とは、仮想的なテーブルのことです。複数のテーブルの組み合わせや、特定のカラムだけを取り出した状態のものをテーブルとして取り扱うことができます（図4-30）。

注文一覧テーブル

date	商品	数	charge	company
2018年9月4日	赤ペン	1箱	216000	1101
2018年9月4日	青ペン	1箱	194400	1103
2018年9月4日	赤ペン	2箱	118800	1113
2018年9月4日	黄ペン	3箱	24840	1106
2018年9月7日	万年筆B	1箱	105840	1104
2018年9月8日	赤ペン	5箱	302400	1101
2018年9月8日	青ペン	1箱	205200	1103
2018年9月9日	赤ペン	3箱	103680	1102

住所録テーブル

ID	社名	郵便番号	住所	担当者名
1101	ティラノ社	156-0044	世田谷区赤堤	茶沢
1102	トリケラ社	156-0054	世田谷区桜丘	鳥山
1103	モサ社	157-0072	世田谷区祖師谷	猛者川
1104	スピノ社	146-0091	大田区鵜の木	檜山
1105	プテラノ社	152-0033	目黒区大岡山	府寺
1106	ステゴ社	152-0033	目黒区大岡山	捨戸
1107	ギガノト社	142-0041	品川区戸越	木下

作業用ビュー

date	商品	数	charge	社名	住所
2018年9月4日	赤ペン	1箱	216000	ティラノ社	世田谷区赤堤
2018年9月4日	青ペン	1箱	194400	モサ社	世田谷区祖師谷
2018年9月4日	赤ペン	2箱	118800	イクチオ社	大阪市北区梅田
2018年9月4日	黄ペン	3箱	24840	ステゴ社	目黒区大岡山
2018年9月7日	万年筆B	1箱	105840	スピノ社	大田区鵜の木
2018年9月8日	赤ペン	5箱	302400	ティラノ社	世田谷区赤堤
2018年9月8日	青ペン	1箱	205200	モサ社	世田谷区祖師谷
2018年9月9日	赤ペン	3箱	103680	トリケラ社	世田谷区桜丘

図4-30 注文一覧テーブルと住所録テーブルの一部のカラムだけを組み合わせて、仮想のテーブルを作る

とは言っても実際にテーブルが作られるわけではなく、あらかじめ定めたテーブルやレコードの組み合わせを、参照するたびに作って取り出す機能です。例えば、「しょうゆ味三つ、塩味三つ、甘辛味二つ」の「スペシャル唐揚げセット」の組み合わせを決めておき、「スペシャル一つ！」と注文が入ったら、毎回箱に入れて出すようなものです（図4-31）。

いちいち毎回作るのは面倒だから、あらかじめテーブルとして作っておけば良いじゃないかと思うかもしれません。しかし、唐揚げは熱々が食べたいように、データも更新されることがあります。あらかじめ作ってしまうと、作ったぶんのデータの更新を別に行わなければなりません。その都度作るようにすれば、毎回新しいものを詰められます。つまり、ビューを毎回作ることで、テーブルの値の変更を反映できるということなのです。

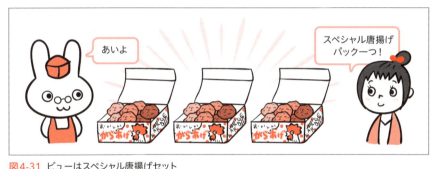

図4-31 ビューはスペシャル唐揚げセット

また、ビューに対して権限を設定することもできます。

これはどういうことかと言うと、ビューの内容を変更するとテーブルの内容も更新されます[3]。テーブルのデータが変更できてしまうということです。堅実なタイプの人が作業をするのであれば安心ですが、技術力のまだ怪しい新人に任せるのは不安ですし、たとえベテランが作業をする場合であっても、徹夜続きで寝ぼけていたとしたら**重大なインシデントを引き起こす**とも限りません。自分であっても信用しすぎてはいけな

---

[3] 複数のテーブルにまたがる場合は変更できません。

いのです。

　そこで、ビューに対して「参照はできるけど書き込みはできない」といった権限を設定しておけば、間違ってテーブルを書き換えてしまうリスクが減ります。もちろん、テーブルを直接操作するより安全です（図4-32）。

図4-32　書き込みの権限が設定できるビューを使っていれば、万が一間違った操作をしても安心

> Column
>
> ## 明日の自分は他人と思え
>
> 　データベースに限りませんが、忙しい時や慌てている時の行動は記憶が曖昧になりがちです。なんでも「とりあえず」で行動して、やったことをすっかり忘れ、「ここにあったはずがない」「誰かが変な処理をしている」などと、過去の自分の行いに苦しめられることがあります。
>
> 　時間がない時には、「とりあえず」は仕方がないのですが、「自分がやったことだから覚えているだろう」などとたかをくくらず、「明日の自分は他人」と考えて、安全策をとりましょう。

Chapter4 データベースを操作してみよう 2

8 ストアドプロシージャ

いつも使うSQLの命令をセット化できないかな？

できるよ。それをストアドプロシージャと言うんだ。

4-8-1 ストアドプロシージャ

ストアドプロシージャ[4]（Stored Procedure ＝ 格納された手続き）は、ユーザー定義関数とも言います。複数のSQL文を組み合わせて登録しておける仕組みです。

　SQL文での命令は、一文で済むとは限りません。むしろ複数のSQL文を一気に命令することのほうが多いでしょう。トランザクションの項目でも説明しましたが、「唐揚げを買う」という行為一つを取っても、それは「唐揚げを選ぶ、注文する、お金を払う、受け取る」と、いくつかの動作の組み合わせになっています。SQL文でも同じように、「お金を振り込む」「営業部から総務部へ移籍させる」などの操作に複数の文が必要なわけです。これをいちいち毎回入れていくのは大変です。

　そこで、複数のSQL文をワンセットのパッケージにして名前を付けて登録しておく仕組みが、ストアドプロシージャです。毎回一つずつSQLを書かなくても、パッケージの名称を記載するだけで使用できます。ストアドプロシージャは、SQLの文法の一つであり、作ったパッケー

---

[4] ストアドプロシージャは、RDBMSによっては、ストアドルーチン、ストアドファンクションなど呼び名や分類が変わることがあります。

ジの名称は新しい関数としても扱えます（図4-33）。

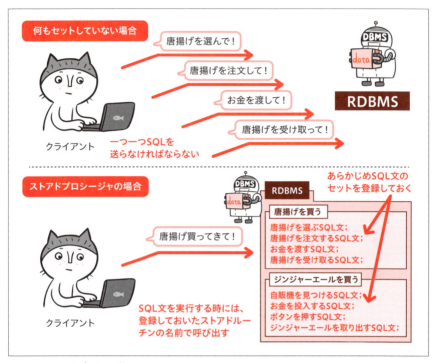

図4-33 ストアドプロシージャ

4-8-2 ストアドプロシージャとトランザクションの違い

　ストアドプロシージャもトランザクションも、どちらも複数のSQL文を扱うため、区別が付きづらいかもしれません。また、「複数の何かをまとめる」という点で、ビューとも似ているような気がしますね。それぞれの違いを整理しておきましょう。

　まず、ビューはテーブルの話ですが、ストアドプロシージャとトランザクションは、SQL実行時の話です。

　トランザクションは、まとめて実行することを保証するものですが、ストアドプロシージャは、まとめて名前を付けているに過ぎません。

　トランザクションとは、RDBMSへの命令で、指定した複数のSQL

文が途中までしか実行されず不完全な状態になることを防ぐ仕組みです。つまり、1から5までのSQL文があった場合に、123だけが実行されるなどというような状態になることはありません。

一方ストアドプロシージャは、パッケージとしてRDBMSで実行する仕組みなので、実行の状態によっては123まで実行したところで止まってしまったり、1245は成功したものの、3のみ実行に失敗してしまったりすることもありえます。

ストアドプロシージャの目的は、まとめて実行することなので、その性質上、トランザクションと組み合わせて使用されるケースも多いです（図4-34）。

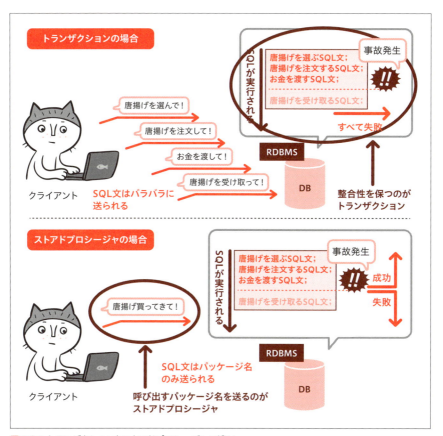

図4-34 トランザクションとストアドプロシージャの違い

Chapter 4 データベースを操作してみよう 2

9 トリガー

わざわざ命令するのってめんどくさいから、自動的にやってくれないかな？

特定の動作が起きた時に、ストアドプロシージャを実行する機能があるよ。

4-9-1 トリガーとは

　SQL文の実行は、命令を送り込むことで実行されるわけですが、わざわざ命令するのではなく、自動的に実行して欲しいこともあるでしょう。そうした時に、特定の状態になったら実行する仕組みである「トリガー」を利用すると便利です。

　トリガーは、特定の動作が起きた時にストアドプロシージャを実行する機能です。「何か特定の動作が起きた時」なので、具体的には、レコードの追記・削除・上書きなど、実際にデータベースに対して書き換えを行うアクションが対象です。あらかじめトリガーとなる条件を登録しておき、トリガーとなる動作が行われると実行されます（図4-35）。

図4-35 ストアドプロシージャとトリガーの違い

Part2
データベースの応用

Chapter5 データベース設計の流れを見よう
  - 設計とスキーマ

Chapter6 データベースを作ってみよう
  - インストールから稼働まで

Chapter7 データベースを運用しよう
  - バックアップ・保守運用

Chapter8 データベースを使おう
  - データベースアプリケーションの仕組み

ニャー太

データベースがどんなものか分かってきたから、システムを作ってみたいだけど、まずは何をやればいいの？

データベースシステムは、なんとなく作るんじゃなくて、設計して作り始めるよ。それに作ったら、運用や保守も大事だね。
データベースは使う人によって育っていく生き物のようなものだから、時々面倒を見てやらなくちゃいけないんだ。
それでは、設計や、実際の構築、保守運用の流れを見ていこう。

デイビット君

Chapter5
データベース設計の流れを見よう

―設計とスキーマ

5-1 データベースシステムとは
5-2 システム開発の流れ
5-3 データベース設計とは
5-4 データベース設計の流れ
5-5 ER図
5-6 データベース設計で初心者が覚えておくこと

データベースの設計と一口に言っても、データベースシステムの中でデータベースの占める割合は一部です。ですから、どこから手をつけて良いのかわかりにくいかもしれません。
本章では、システム開発全体の流れを確認しながら、どこで誰が設計をするのか、何を決めねばならないのかについて解説していきます。

Chapter5 データベース設計の流れを見よう

1 データベースシステムとは

よし。オリジナルのデータベースシステムを作るぞ！

じゃあ最初に、システム全体のデータベースがどう位置付けられているか見ていこう。

● 5-1-1 | データベースシステムとは

　データベースを使ったシステムは、銀行や図書館など私たちの暮らしに欠かせないシステムから、ブログやSNSのシステムまで、実に多岐にわたります。ではこれらのシステムは、どのように開発されているのでしょうか。おおよそ想像が付く人もいるかもしれませんが、具体的にシステムの中のデータベースの位置付けから、確認していきましょう。

　データベースシステムは、再三お話ししているように、データベースとDBMSとプログラムで構成されています。
　これらの他にUI（ユーザインターフェース）や、画像・動画なども含まれます。UIはプログラマが簡易的に作る場合もありますが、商品の品質を保つために、デザイナがきちんとデザインすることがほとんどです（図5-1）。

データベースシステムとは 1

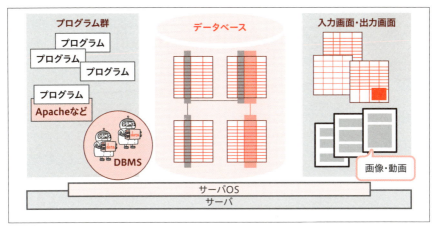

図5-1 データベースシステムの仕組み

　また、システムは複数のプログラムで構成されるものなので、データベースが関わる部分以外にも様々なプログラムが存在します。場合によっては、プログラムを動かすために、Apache[1]など他のソフトウェアが必要になることもあります。データベースを管理するのにDBMSが必要であるように、他の機能を使いたい時には対応するソフトウェアを入れるのです。

　システムは、サーバマシンに入れます。サーバには、サーバOS[2]が必要です。これもシステムを構成する要素と考えても良いですね。OSは、ハードウェアとソフトウェアの仲立ちをするものです。どのOSを選択したかは、重要な情報になります。

　このように、データベースを使用していれば、「データベースシステム」なのですが、データベース以外の要素も大きいのです。データベースがシステムの中核を担っていることは間違いないものの、割合的にはシステム全体の一部なのです。

---

[1] Webサーバソフトウェア。他にnginxなど。メールの場合は、PostfixやSendmailなどが有名です。つまり「何かの機能」は、基本的にソフトウェアで作られるということです。
[2] Red HatやCentOS、Debian、Ubuntu、BSDなどがあります。

Chapter5 データベース設計の流れを見よう

2 システム開発の流れ

開発チームに参加することになったら、何をやればいいの？

プロジェクトによって担当する範囲は違うかもしれないね。

● 5-2-1 | システム開発の流れ

データベースの位置付けが見えたところで、次は、システム開発の流れです。

システム開発は、基本的には建物を作るのと同じようなイメージです。計画して、作って、使います。ただ、各フェーズに更に細かい段階があります（図5-2）。

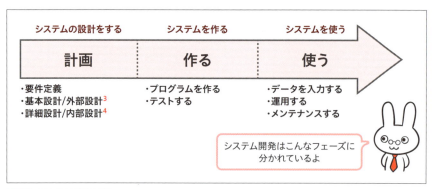

図5-2 システム開発の流れ

---

3 基本設計と言ったり外部設計と言ったりしますが、大雑把に言うと全体の大まかな設計です。
4 詳細設計と言ったり内部設計と言ったりしますが、大雑把に言うと細かい設計です。

①計画

　どのようなシステムを作るのか(**仕様**)を決めることを「**要件定義**」と言います。社外から受注する場合は、顧客と話し合って決定していきます。

　要件が決まったら、設計します。設計段階では、**基本設計**、**外部設計**、**詳細設計**、**内部設計**、**プログラム設計**などの名前で、2段階から3段階に分けて、設計を行います。おおよそ[5]、大まかな設計と、細かい設計と、更に細かい設計と思ってください。

　基本設計と、詳細設計の組み合わせで設計する場合、要件定義で、「どのような機能を持つのか」を決め、基本設計でその機能を実現するためのデザインをし、詳細設計で具体的な内容を決めていきます。

　抽象的でわかりづらいかもしれませんね。もし犬小屋を建てるなら「格好良くて、快適で、大きな犬小屋であること」が要件定義です。基本設計では、犬小屋のサイズ、色、形を決めます。詳細設計では、犬小屋に使う木やペンキの種類、釘の長さなどを決めていくわけです（図5-3）。

　システムに置き換えると、「コメント欄があること」という要件定義に対し、「250文字以内の日本語が入力できる」と基本設計し、「データ型はCHARを使用する」が詳細設計ということです。

---

[5] 厳密には外部と関わる部分であるかどうかなど定義は様々ですがとりあえずのイメージとして考えてください。

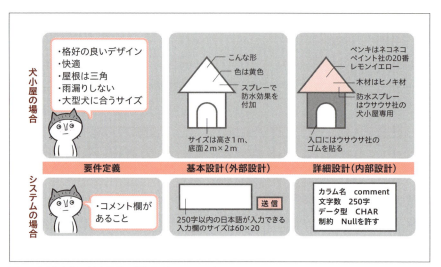

図5-3 要件定義・基本設計・詳細設計のイメージ

　プロジェクトの規模にもよりますが、プログラマや、データベース担当者は、詳細設計[6]から関わることが多いです。プロジェクトマネージャやSEが、要件定義と基本設計を行い、それを詳細設計に落とし込みます。

②作る

　次に、プログラムや、デザインを作成していきます。
　RDBMSに命令するのはプログラムですから、プログラムの中にSQL文を入れ込んでいきます。また、プログラムだけ作っていっても、確認方法がなければ、本当にちゃんと命令が書けているかわかりません。そのため、開発環境にデータベース領域を作り、仮のデータを入れて確認しながらプログラムを作っていきます。
　実際の環境にデータベースを構築する時には、データベース領域を作ります。既に作成済みのデータベースがあるなら、そのデータベース領域に書き戻して（**リストア**）利用することもあります。

---

[6] 詳細設計を担当するのは、SEや上位のプログラマであることが多いです。一人で開発している場合は、もちろん自分でやる必要があります。

データベース領域の作成やテーブルの作成は、最初だけの作業なので、プログラムに埋め込むのではなく、プログラムに付随するドキュメントなどを参考にして、データベースやプログラムをインストールする際に、手動で行うことが多いです。

　また、データベースシステムを納品する前に、あらかじめデータを移植してしまうことがほとんどです。その場合、データベースにするほどの分量のデータをユーザが入力するのは大きな手間となるため、システムを納品する会社が、移植作業を引き受けるケースも多いです。

　元々データがある場合は、そのデータをそのままプログラムで入れますし、Excelなどの状態になっていれば、加工して**インポート**（import）[7]します。ただ、紙の書類からデータを集める、そろってないデータを整理するなどの手間がかかる場合は、人力のこともあります。

③使う

　データベースシステムを使いはじめたら終わりではありません。バックアップを取ったり、データベースを常に正常な状態に保ったりする必要があります。これを「**保守**」と言います（図5-4）。

　もちろん、契約によっては、売って終わりのケースや、保守は別の部署やチームが担当するケースもありますが、動いているシステムは保守が必要になると思って良いでしょう。

・データのバックアップ
・データベースを正常に保つ（不正なアクセス、ディスクあふれ、性能低下などの状態の監視）
・RDBMSのアップデート　　　　　　　　　　　　　　　　　　　　　　　　など

図5-4 保守の内容

---

[7] 輸入という意味の言葉で、データをまとめて入れることを言います。逆にシステムからデータを取り出すことを「エクスポート（export＝輸出）」と言います。
インポートやエクスポートは、ただのファイルのコピーではなく、そのまま別のコンピュータにあるソフトや、別のソフトで使える状態で移すことを言います。例えば、ブログを引っ越したり、パソコンを新しくした時にブックマークを移したりする時に使います。

保守は、専用のプログラムを組むこともありますが、保守担当者が手作業でRDBMSに付属のツールを実行したり、SQL文を入力してデータベースを操作したりすることも多いです。保守は、何をするのかをあらかじめ決めておくことが肝要です。そうしないと作業漏れが発生します。作業漏れをなくすため、一連の保守作業のドキュメントを作るのはもちろん、コマンドを入力すれば半自動で実行できるような専用のプログラムを作って保守をするという体制もよく取られます。

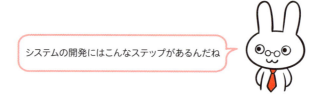
システムの開発にはこんなステップがあるんだね

3 データベース設計とは

データベース担当になったら、何をすればいいんだろう？

「データベース」の担当は一人じゃなく、いろいろな人でやるんだよ。

5-3-1 「データベース係」はどこに関わるのか

データベースを担当する人を「データベース係」と呼ぶならば、その人はどこに関わるのでしょうか。

開発規模と社内体制によって、誰がどこを担当するのかは変わります。人数の多い体制であれば専門とする人がいるでしょうし、人数が少なければ何でも自分でやらねばなりません。また、得意不得意もあるので、開発するシステムの種類やチームの人員・人間関係によっても変わるでしょう。

そのため、「データベース係」はどこに関わるのか？と言っておきながら、実は、一人の人がデータベースに関わるすべてのことを担当するのは稀です。そのような意味では、色々な人が共同でデータベース係となります（図5-5）。

代表的な担当者	開発の流れ
プロジェクトマネージャ	①要件定義
SE①	②基本設計
SE②　プログラマ	③詳細設計
プログラマ	④作る

→ テスト

図5-5 開発モデルの例

例えば前述のような**開発モデル**[8]の場合、データベースに関しては、SE②が詳細設計を担当することもありますし、プロジェクトマネージャが要件定義で意見を求められることもあります。

5-3-2 仕様／要件定義でのデータベース

プロジェクトの最初に仕様を決めます。仕様を決めることは要件定義でしたね。主にプロジェクトマネージャなどのプロジェクトの枠組みを決めるような立場の人が担当します。

要件定義では、「このシステムは、このようなことができる」という決まりを決めるのですが、そもそもそれが本当に実現できるのかどうかは、プロジェクトマネージャでは判断できないこともあります。プロジェクトマネージャが思っているよりも、手間がかかったり技術力が必要であったりすることもありますから、どのくらいのスケールのプロジェクトになるのか伝える必要があるでしょう。どのRDBMSを使用するのかも、この段階で決まります（図5-6）。

図5-6 要件定義で、できるシステムの決まりを作る

---

[8] 開発手法には様々なものがあります。これはシンプルでわかりやすいウオーターフォールモデルです。担当者は社内の呼び方や状況によって変わりますからおおよそこんなところかなと考えてください。

また、要件定義の時には、ハードウェアの要件なども決めます。こうした時に、どのくらいのハードウェアが必要であるのか伝えるのも重要な仕事です。何故なら、プログラムとデータベースを比べた時に、データベースの方が、サイズの大きいことがほとんどなのです。画像や動画も含まれますし、使っていくうちにプログラムの増える量は少ないですが、データは一足飛びに増えていくからです。

例えば、5年契約のシステムであれば、5年後のデータ量を見据えた設計にしなければなりませんし、それに応じてアクセス数も増えます。

システムを使っている間、データがHDDなどの**ストレージ**[9]に無理なく収まること、求められる**レスポンスタイム**[10]で返せることが必要とされます（図5-7）。

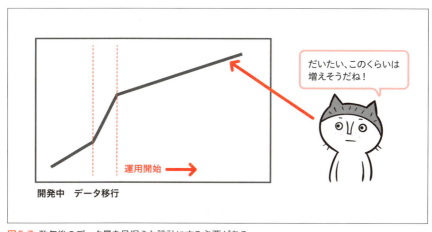

図5-7 数年後のデータ量を見据えた設計にする必要がある

データ量がどのように増えるのか、アクセス量はどのくらいになるのかなどは、プログラミングする立場の人だけでは予測が難しいです。レスポンスタイムは大雑把に言えば、プログラムの処理速度とデータベースへのアクセス速度、そして通信速度の合計です。類似するシステムか

---

[9] HDDやSSDなどのデータを保存する場所をストレージと言います。
[10] ユーザがアクションしてからシステムが返す時間。簡単に言うと、入力してから返事をする時間や、画面遷移の時間など。

ら推測したり、顧客からデータを貰うなど、プロジェクトマネージャと相談しながら、予測していきます。

このように、必要とするストレージの大きさや、**CPU**や**メモリ**[11]のスペックを決めることを「**サイジング**」と言います。

5-3-3 設計でのデータベース

データベース設計が大きく関わるのは、詳細設計（内部設計）からです。SEが担当することもあれば、上位プログラマが担当する場合もあります。詳細設計では、基本設計で決まった内容をどうデータベースに落とし込むかを決めていきます。

数多い書類や画面を、そのままデータベースにするわけではありません。2章の正規化のところで説明したとおり、書類は整理し、正規化してテーブル化していきます。こうした要素・テーブルの整理や、具体的にどのようなデータ型を使うのかなど、まさに設計をするわけです。

入力項目を決めていくのもそうですが、テーブル間の連携をどうするかとか、それぞれの項目には、どのような書式、範囲のデータを格納できるのかなど、制約も決めていきます。

5-3-4 三層スキーマ

データベースを設計する時の考え方として、「**三層スキーマ**」があります（図5-8）。

これは、「外部」「概念」「内部」の三層に分けてスキーマを決めていくというものです。スキーマとは、構造を定義する取り決めのことです。

---

11 CPUやメモリはマシンの処理速度に大きく関係するパーツ。

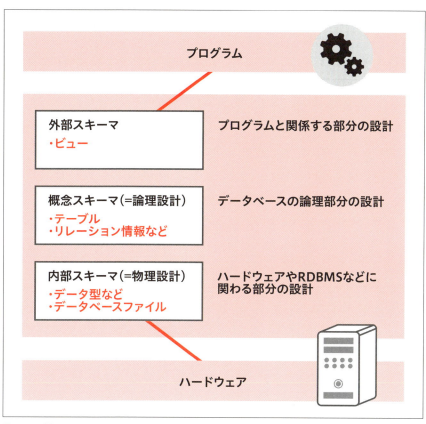

図5-8 三層スキーマ

　例えば、RDBMSに命令を出す時にどのRDBMSに対しても大方のSQL文は共通ですが、特定のRDBMSにしか実装されていない機能や対応していないSQL文もいくつかあります。

　特定の機能を前提にデータベースを設計してしまうと、RDBMSを変更したい時や、RDBMSのバージョンアップで変化があった時に、対応しなければならない範囲が広くなってしまいます。

　これはプログラムに対しても同じで、3層スキーマの考え方を使えば、データベースはそのままに、プログラムを変更する時に変更しやすい利点もあります。

外部スキーマ

外部スキーマは、プログラムと関係する部分に関するスキーマです。「ユーザから見たスキーマ」と言われることもあるとおり、実際のシステムでデータベースを使っている部分です。

データベースのテーブルは、いつも単体で使うとは限りません。例えば「取引先テーブルにある取引先の情報と、注文テーブルにある今月の請求内容を組み合わせて作った請求書」のようなものもあります。単体で使うテーブルの他、こうした組み合わせた結果など、実際にユーザが目にすることになるデータの並びの定義が、外部スキーマに相当します。

概念スキーマ（=論理設計）

概念スキーマは、「データベースでどのようにデータを扱うか」に関するスキーマです。「開発者から見たスキーマ」と言われることもあり、テーブルをどのように分けどのようにリレーションするのかなどもこのスキーマで決めます。

請求書で言えば、取引先テーブルをどのような構造で作るか、注文テーブルをどのような構造で作るかなどに相当します。

内部スキーマ（=物理設計）

内部スキーマは、ハードウェアや、RDBMS固有のことに関するスキーマです。「RDBMSから見たスキーマ」と言われることもあり、RDBMSのどの機能を使うのか、HDDにはどう格納するのかなどを、このスキーマで決めます。

例えば、「データベースをディスクのこの部分に保存する」、「1テラバイトのディスクを使う」、「障害対策のために2台のサーバで運用する」など、どのようなシステム構成にするかという部分です。

Chapter5 データベース設計の流れを見よう

④ データベース設計の流れ

結構カンタンそうだね！余裕でできそうだよ！

そうとも言えないんだよねえ…。

● 5-4-1 | 混沌とした書類や業務を整理する

　設計とはどんなものかぼんやりわかったところで、ここからは「実際にどうするのか？」という話をしていきます。

　設計しろと言われたところで、まず何に取りかかるのかわからない人も多いでしょう。また、設計したらその後は何をするのかも見えづらいところです。

　ここも、プロジェクトの性質や規模によって大きく異なりますが、一つの例で説明していきます。ある会社の書類や業務をシステムに置き換えるケースで考えてみましょう。請求書や在庫管理表などの各種書類を画面上で作ったり、「在庫が無くなったら、担当者にそれを知らせる」「発注書を作成したら上司に送ってチェックしてもらう」などの業務をシステム化することを考えてみます。

　最初は「要件定義」、次に「外部設計」を行うことは、すでにお話ししたとおりです。

　ただ、この作業はなかなかやっかいです。何故なら、システム化する対象の書類や業務が整頓されているとは限らず、会社によっては、継ぎ足しを繰り返してわけがわからないことになっていたり、まだ手書きで処理しているものや重複しているものもたくさんあるからです。

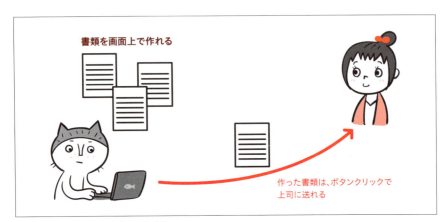

図5-9 こんなシステムを作ってみよう

　また、顧客も「こういうシステムが欲しい[12]」とはっきり見えていないケースも多いですし、予算や技術的な都合もあります。全部をシステム化する場合でも、一つのシステムとするより、一部は別のシステムとして作った方が良いこともあるでしょう。

　こうした要望や、予算・納期、システム化する範囲、力を入れる部分などを整理していくことになります。想像するだけで大変そうですね（実際に大変です）。「要求定義」「外部設計」など、格好良い言葉のようですが、内情は、顧客の書類や仕事内容[13]を確認し、混沌を整理して固めていく泥臭い作業なのです。

　こうした混沌とした書類や仕事をプロジェクトマネージャやSEなどが整理して、要件をまとめていきます。自分一人で開発する場合は、もちろん自分がプロマネやSEの役割を兼ねますが、チームに担当者がいるならば、まだ出番ではありません。この段階で「何をシステムにして、何をシステムにしないか」が決まります。

---

[12] 「こういうシステムが欲しい」という要求をまとめることを「要求定義」と言います。「システムにはこれが必要」と定めるのが「要件定義」です。顧客の要求をはっきりさせ、そこからあるべきシステムの姿（要件）を固めていくわけです。言葉が似ているので違いを覚えておくと通っぽいかも。

[13] 「どのように仕事を進めるのか」を「業務フロー」、「どのようにシステムが使われるのか」を「ユースケース」と言います。「30代のデータベースに詳しくない人が使う場合」などの想定する人物が「ペルソナ」です。

Column

システム化しやすい案件としづらい案件

　システムを構築する場合に、難しいケースと、簡単なケースがあります。

　もっとも簡単なケースは、既に動いているシステム[14]が存在する場合です。上手く行けば、データベースになっていますし、なっていなくても、紙から何かを起こすわけではないので、手間が違います。

　既に動いているものがあることで、使用する人が「システムとはこんなもの」「こんな機能が欲しい」「こんな機能は使わない」など、イメージや要望がはっきりしていることもメリットの一つです。

　次に簡単なのは、システム化はされていないものの、Excelなどのソフトウェア[15]で、社内の文書の多くが電子化されているケースです。この場合も、多くの文書が電子化されていますし、使用者が「ここをこうできたら良いのに！」「この機能は必要」など、要望がはっきりしています。ただし、システムに移行するのにデータの整理などは必要になります。

　一番難しいのは、まったく電子化されていないケースです。電子化されていないということは、すべての書類の入力が必要なばかりでなく、発注者がシステムへの要望もはっきりしておらず、システムで何ができて何ができないかの理解もないかもしれません。何をデータベースとするのか？の段階から、相談していくことになるでしょう。

---

[14] この場合のシステムは、ネットワークなどで複数の人が使うようなものを指します。業務システムやCMSなど。
[15] この場合のソフトウェアは、一つのパソコンに入っているもので、何か変更する時には、ファイルを渡して編集するようなものを指します。Excel、Wordや、ホームページビルダーなど。

5-4-2 何をテーブルとするのか

システムの形式が決まってくれば、いよいよデータベースの設計がはじまります。「内部設計」です。

データベースの設計では、「何をテーブルとするのか」がポイントになってきます。

データベースシステムが「プログラム・RDBMS・データベース」のセットであることは既に何度かお話ししていますが、これまでデータベース側の視点で解説してきたので、みなさんは「なにやら表っぽいものをデータベースにする」イメージをデータベースに対して持っているかもしれません。リレーショナルデータベースの場合は、そのイメージで間違ってはいませんが、表はあくまでリレーショナルデータベースで扱いやすい形式に過ぎず、非リレーショナル型のデータベースを利用することもあります。では、どの部分をデータベースとして設計するのかというと、大雑把に言えば「変更される部分のデータ」です。

「変更される部分のデータ」とは、何らかの出力画面があった場合に、変わる可能性のある内容です。

社内システムでの使われ方

例えば請求書の例で言えば、「請求書」というタイトル文字や「御中」、明細の罫線や項目名はいつも変わりません。こうした変わらないものは、データベースで管理しません。テンプレートなどの形で用意しておくことが普通です。

一方、請求書の宛先や明細の内容などは毎回変わるものなので、データベースで管理[16]し、画面や書類を作成するたびに、データベースから呼び出してテンプレートと組み合わせます。

---

[16] 自社の情報は、変わるケースと変わらないケースがありますが、何か変更があった場合に、作業の手間を考えると、データベースで管理しておいた方が無難でしょう。1レコードしかないテーブルになるかもしれませんが、変更はそこを変えるだけで済むので楽です。

また、計算できる箇所は入力するのではなく、計算結果を反映させます（図5-10）。

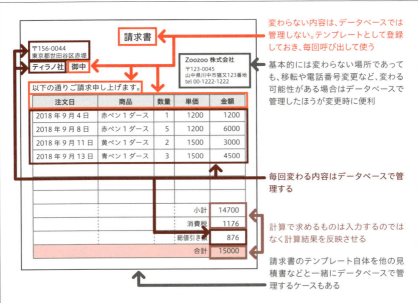

図5-10　紙の請求書を見て、毎回変わらない情報と変わる情報がどこかを確認してみよう

どの部分をどのようなテーブルで管理するのか、そもそもどの範囲をデータベースで管理するのかは、設計や使用者の事情によりますが、おおむねこのようなイメージだと思って良いでしょう（図5-11）。

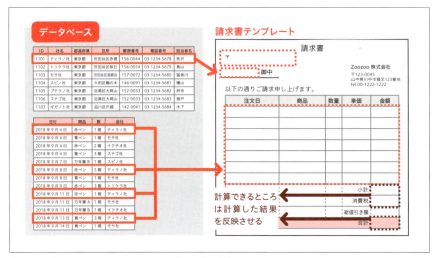

図5-11 データベースから取り出されたデータが請求書にはめ込まれるイメージ

ブログシステムでの使われ方

　もう一つほど例を挙げておきましょう。ブログです。ブログもテンプレートとデータベースで実現されていますが、こちらも作り方によって、固定で作ったり、データベースで管理したりする部分があります（図5-12）。

図5-12 ブログ画面で変わる情報と変わらない情報

ブログの大きな特徴は、一つの記事を色々な形式で表示できるところです。例えば2018年10月に作成した記事であれば、その記事単独のページとしても表示できますし、2018年10月に更新された記事一覧としても見ることができます。該当カテゴリの一覧や、タグクラウド、新着ページにも出てくるわけです。これは一つの記事を、様々なパターンでソートしたページとして組み合わせて表示しています（図5-13）。

図5-13　一つの記事は、色々な形式で表示できる

ですから、「変化する部分＝データベースで管理する部分」は個別の記事です。個別の記事は、リレーションを考えなければ、記事テーブルの一つのレコードとして格納されます。日付やカテゴリ、タグなどの情報は、データベースの特定のカラムに格納されますし、文字数が多いので意外かもしれませんが、記事の本文も一つのカラムに入れられます。

一方、ブログを装飾する画像や変わらない文言は、テンプレートで管理されます。プログラムは、これらの素材をうまく組み合わせて一つのページとしているのです（図5-14）。

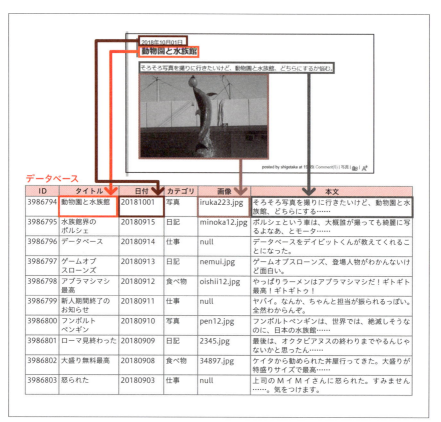

図5-14 データベースにはこのように格納されている

ユーザ管理でもデータベースを使う

　データベースシステムでは、IDとパスワードでログインして使用するものが多くあります。これは、社員や一般ユーザなど、複数の人で一つのシステムを使うことが多いからです。また、ウェブサイト経由で使う場合は、使う人が誰であるかを認証する必要もあります。SNSやブログ、会社のグループウェアなど、あなたのまわりにも多いはずです。

　こうしたシステムへのログインの仕組みも、データベースを使用します。ユーザが入力した情報を、プログラムがデータベースにある情報と照らし合わせ、合っていたらログインさせます。ただしパスワードを、そのままデータベースに保存すると漏洩の恐れがあるので、暗号化や

ハッシュと呼ばれる手法を使って、元のパスワードがわからないようにした値を書き込むことが最近は増えています（図5-15）。

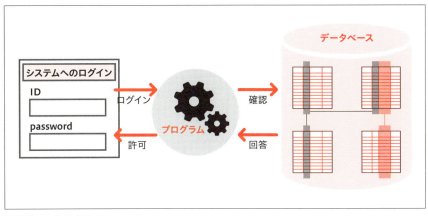

図5-15 ログインの流れ

　ただし、ログインの仕組みでデータベースを使うということは、もし何らかの理由でIDとパスワードを保有しているテーブルが壊れてしまったらそのデータベースシステム自体を使えなくなってしまうということなので、大変なことになります。

　データベースシステムは、プログラムとデータ部分が分離しているため、バックアップが取りやすかったり、他のシステムに移植しやすいなどの利点があります。一方で、ユーザ管理のような仕組みで、データベースが壊れてしまうと、システム全体への影響を及ぼすこともあるのです。

　請求書やブログのデータ部分の話だけでは、イメージが付きづらいですが、この例のように、システムの仕組み自体にもデータベースが使われています。

　「何をデータベースにするか」が決まれば、次はどのようにテーブルを作るか考えねばなりません。

　例えば、請求書と納品書と年賀状をシステムにやらせる場合、「請求書テーブル」「納品書テーブル」「年賀状テーブル」のように、そのまま一対一でテーブルにするわけではありません。相手先住所が重複して無駄ですし、注文内容と住所は別のテーブルで管理するべきです（図5-16）。

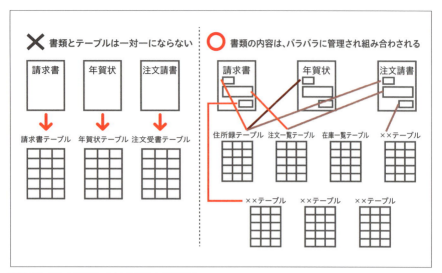

図5-16 どのようにテーブルを作るかを考える

「請求書」や「年賀状」を一つ作るにしても、複数のテーブルから情報を引っ張り組み合わせます。逆を言えば、請求書や年賀状の要素を小分けにしてテーブルにする必要があるということです。ですから、ちょっとした勘考が要ります（図5-17）。

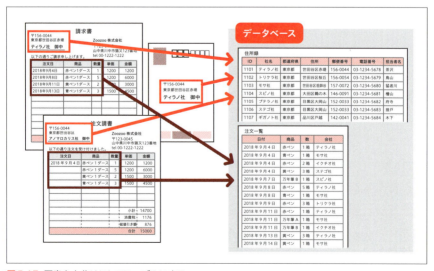

図5-17 要素を小分けにしてテーブルにする

○ 大概は伝票型と表型にわかれる

まず、いきなりこのようにテーブルにしようとしても、なかなか難しいでしょう。そもそも書類には、個々のデータを扱う「伝票型」と、一覧になっている「表型」のものとがあり、請求書や納品書のような伝票型は、そのままテーブルにすることは少ないです。大概は、それをまとめた表型の一覧が存在しています。請求書であれば、注文一覧や請求一覧、住所であれば、住所録などの形で既に表型にまとまっています。

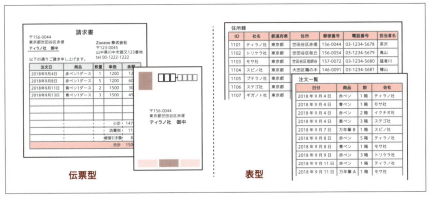

図5-18 はがきと住所録の例

○ 入力と出力と一覧

また、一つのデータ（例えば、取引先の社名と住所）を考えた時に、手書きの場合でも「入力用書類」と「出力用書類」と「一覧表」の3種類のうち、2種類以上が備わっていることが多いです。

つまり、手書きで行う場合でも、入力に当たるような書類があり、その書類を元に一覧表を作って管理し、一覧表を見ながら出力に当たるような書類を作るということです。

例えば、学習塾の生徒名簿を例にすれば、「生徒の名前と住所」の入力用書類は「入会申込書」です。しかし、申込書だけでは事務を行うのに扱いづらいので、「生徒名簿」という一覧表を作るのが一般的です。そして、年賀状や講習案内などの、出力先に転記して使用されます。

入出力の書類は伝票型、一覧表は表型で作られることが多いです。データによっては、最初から一覧表に書き込んだり、出力先が一覧表のこともありますが、おおむね、何かの形で入力し、出力し、使いやすいように一覧表にまとめられていると見て良いでしょう（図5-19）。

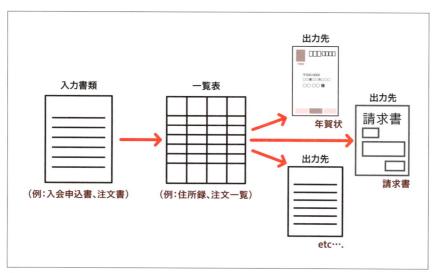

図5-19 入力書類と一覧の例

伝票型は入出力へ、表型は一覧と出力へ

なんとなく書類のカラクリが見えてきたでしょうか。

つまり、書類は一見たくさんあるように見えますが、ちゃんと整理すると、入力・出力と一覧にわかれます。とりあえず、「伝票型」で入力し、「一覧表」にまとめ、「伝票型」で出力することが多いということです。

これがわかれば、混沌とした情報を整理することができます。入出力に当たる伝票型の書類と一覧表は、情報が同じ傾向があるため、一覧表をターゲット[17]にすれば良いのです。一覧表を集めて、正規化して整理すると、テーブルになります。つまり、テーブル設計です（図5-20）。

---

[17] 小さな喫茶店の注文記録のように、伝票しかないケースもありますが、もちろんそうした場合は、一覧表にまとめるべきでしょう。

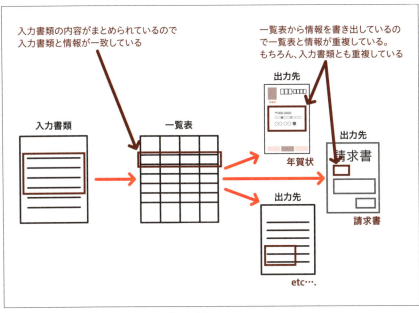

図5-20 一覧表をターゲットにしてテーブル設計する

　現実としては、このように上手く行くとは限りませんが、どのように手を付けはじめるか、理解しておくだけでも違います。

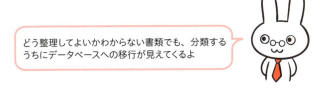

Chapter5 データベース設計の流れを見よう

5 ER図

この図が目に入らぬか！こちらはER図様であせられるぞ！頭が高い、控えおろう！

は、ははあー。本でよく見るやつだ！ブルブル…

5-5-1 | ER図とは

　混沌の中からシステムを作っていくには、とにかく整理と分類が肝です。データベースにおいて、テーブル情報を整理する時に使われるのが**ER図**（Entity Relationship Diagram＝実体関連図）です。テーブルの項目とリレーション（関連）を書き出し、設計するために使います（図5-21）。

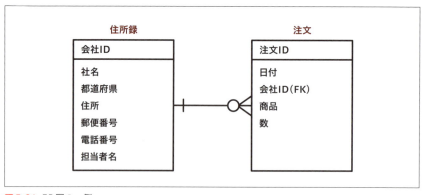

図5-21　ER図の一例

　記号が書かれていて一見すると難しいもののように見えますが、簡単に言えばゴチャゴチャとした現実の書類から、テーブルのカラムとなり

そうなものを書き出し、それを整理してテーブルを設計しているだけです。そんなにややこしいものではありません（図5-22）。

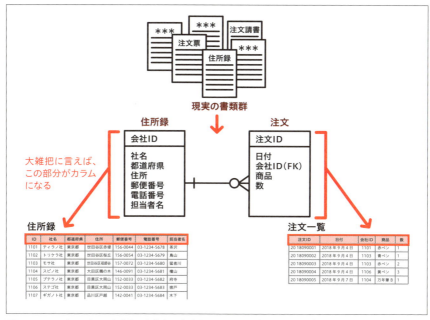

図5-22 テーブルのカラムとなりそうなものを書き出し、それを整理してテーブルを設計しているのがER図

　設計に使うものなので、データベースの新人のうちは、ER図を書くことは少ないですし、どのプロジェクトでも使うとは限りませんが、打ち合わせの時などにER図が読めないと困る局面もあるかもしれません。最低限、読めるようにはしておきましょう。

5-5-2 ER図の使い方

　ER図では、「**エンティティ**（Entity＝実体）」と「**リレーション**（Relation＝関連）」という言葉が出てきます。カタカナで書くと難しく感じますが、エンティティとは、大雑把に言うとテーブルの項目（カラム）を集めたものです。「社名」「住所」「電話番号」などの各項目のことは、「**アトリビュート**（attribute＝属性）」と言います。カラム（列）とほぼ同じです。「**カー**

ディナリティ（cardinality＝濃度）」はリレーションの関係の濃さを表します。

つまり、「エンティティのアトリビュートを書き出して、リレーションとカーディナリティを明確にする」というのは、「テーブルの項目（カラム）を書き出して、関連性とその濃度を明確にする」という意味です。

わざわざこんなややこしい言葉を使わなくても、わかりやすい言葉を使ってくれると良いのですが、そういうものなので仕方ありません（図5-23）。

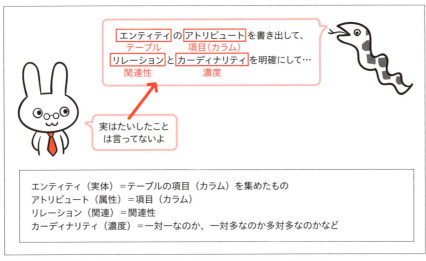

図5-23 横文字がたくさん出てきて戸惑うが、実はたいしたことは言っていない

5-5-3 | ER図の書き方

ER図の書き方には様々な種類がありますが、通称「**鳥の足**」と呼ばれる「**IE記述法**」と、「**IDEF1X**[18]（アイデフワンエックス）」がメジャーなものです。

厳密には他にも色々違いがあるのですが、とりあえず「鳥の足っぽかっ

---

[18] IDEF1Xの「1（いち）」は「I（アイ）」ではないので注意。

たら鳥の足、●や◇で記述されていたらIDEF1Xらしい」と覚えておいてください（図5-24）。

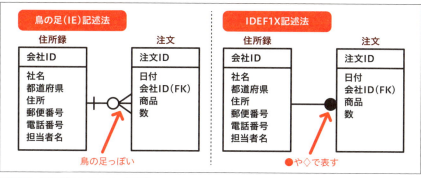

図5-24　IE記述法とIDEF1X記述法

どちらの場合も、まずはテーブルの項目になりそうなものを書き出していきます。その時、四角の中に項目を書いていくのですが、主キーは、四角を区切った上の枠に書きます。主キーが複数ある場合は、縦に並べて書きます。

また、外部キーは「**FK**（ForeignKeyの略）」と書きます。要は何がキーであるのか、明確にしておくということです（図5-25）。

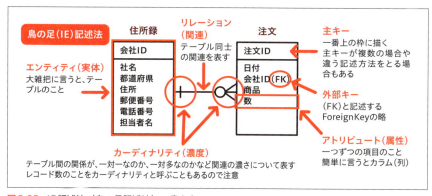

図5-25　IE記述法（鳥の足記述法）の書き方

そして、リレーションしているものを線でつなぎます。この時、リレーションの濃度（カーディナリティ）をわかりやすくするために、つなぐ根

元に記号を使います（図5-26）。濃度とは、テーブル同士が一対一の関係なのか、一対多の関係なのか、多対多の関係なのかということです。

記号	意味
○	0
l	1
←	多

図5-26　鳥の足でのカーディナリティ記号

例えば、学校のクラスと生徒があった場合に、生徒は必ずどこかのクラスに在籍しますから、生徒から見たクラスは一つしかありません。一方、クラスには生徒が何人かいますから、これは「多」に当たります。クラスと生徒の関係は、1対多となります（図5-27）。

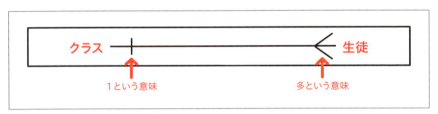

図5-27　クラスと生徒の関係は1対多となる

記号は組み合わせて使うこともできます。「0以上の多」であれば「○」と鳥の足を組み合わせて使います。

紹介したのは基礎の基礎であり、他にも従属性を明らかにするなど、記載する内容は色々あるのですが、まずは、これだけ覚えておくだけでも違うでしょう（図5-28）。

①テーブルの項目を書き出す
②主キーや外部キーをわかりやすくする
③リレーションを線で結んで濃度を書く

図5-28　鳥の足（IE記述法）の書き方

Chapter5 データベース設計の流れを見よう

6 データベース設計で初心者が覚えておくこと

うーん、たくさん覚えることがあるなあ。

データベース初心者に、設計はまだ早かったかな。全体像だけでも把握してくれたらうれしいよ。

5-6-1 | 初心者はまず大掴みに概要を掴む

さて、難しい話が続きましたが大丈夫でしょうか。

色々と細かい話をしてきましたが、要は「細かい設計を担当することがあるらしい」「ハードウェアを決める時に、意見を言った方がいいらしい」「プログラムに関係する部分や、RDBMS固有の部分は、分けて考えておいた方が無難」「ER図はカラムが並んでいる」くらいのことを覚えておいてください（図5-29）。

・細かい設計を担当することがある
・ハードウェアを決める時に意見を言った方が良い
・プログラムやRDBMS固有の部分は分けて考える
・ER図はカラムが並んでいる
・ER図や三層スキーマは、データベース設計に関連する用語である

図5-29 設計で覚えておいてほしいこと

今はわからないことが多くても仕方がありません。なんとなくでもいいので、ざっくりと全体像を掴んでおくことが肝要です。そうすれば、いざ知識が必要となった時に、何を調べれば良いのかのよすがとなることでしょう。

本書も後半に入ってきました。初心者のうちは、細かいことを頑張っ

て覚えるというよりは、大掴みに「どのようなものなのか？」「どんな種類の話なのか」を理解することを重視しましょう。

　難しいことや、苦手な箇所は、一旦読み飛ばしても構いません。まずは最後まで読み通して、全体像を掴んでくださいね。

> **Column**
>
> ### DB設計のおすすめ書籍
>
>
>
> 「達人に学ぶDB設計　徹底指南書　初級者で終わりたくないあなたへ」
>
> 　　　　　　　　　　　ミック 著　翔泳社
>
> 初心者を卒業したら、データベース設計なども担うようになるでしょう。その時に先生となるような本がこちらです。実際の業務は、教科書通りには行きません。どうしても自分で考えることが多くなります。本書は実務に根ざして書かれており、「どうしてこうしなければならないのか」「どこでバランスを取るのか」がよくわかる本です。

Chapter6
データベースを作ってみよう
―インストールから稼働まで

6-1 データベースサーバ

6-2 データベースの操作

6-3 データベースの実装

6-4 ユーザアカウント管理

6-5 ドライバとライブラリ

データベースは、サーバに置きます。では、サーバとはどういったものなのでしょうか。本章では、サーバの準備からRDBMSのインストール、データベース領域やテーブルの準備、ユーザ管理など設定しなければならないポイントについて説明していきます。

Chapter6 データベースを作ってみよう

1 データベースサーバ

データベースのことはわかってきたんだけれど、データベースがどこにあるかわからなくなってきた。サーバの中にあるんだっけ？

そうだよ。まずはサーバの基本的なところを押さえておこう。

6-1-1 | サーバとは

　データベースがサーバに入っていることは、1章でお話ししましたね。サーバには、データベースの他に、プログラムも入っています。では、そもそもサーバとは何でしょうか。言葉はよく耳にするものの、実物を見たことがない人もいるのではないでしょうか。

　サーバと言うと何か専門的ですごいもののような感じがしますが、普段使っているデスクトップパソコンやノートパソコンと基本的に大きな違いはありません。OS、CPU、メモリ、HDD……といった構成要素は同じですし、キーボードもディスプレイも付けられます。何が違うかと言えば「役割」です。

　サーバ（server）はその名のとおり、「何かサービス（service）を提供するもの」を指します。それに対し、提供されたものを受け取る側が**クライアント**（client）です。いわゆる普段使っているデスクトップパソコンやノートパソコンのことですね。スマートフォンや、タブレットなどもクライアントです（図6-1）。

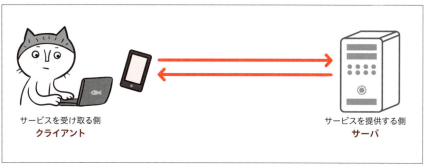

図6-1 サービスを受け取る側がクライアント、サービスを提供する側がサーバ

　サーバとクライアントは役割によって呼び名が変わるだけのものですから、普段クライアントとして使っているパソコンをサーバにしてしまうこともできますし[1]、逆にサーバをクライアントにすることも可能です。ただ、役割は違いますから、求められるスペックは異なります。

　クライアントは、私たちがインターネットを閲覧したり、メールや書類を作ったりするのに使います。ゲームで遊んだり、絵を描いたりすることもありますね。ですから、人間にとって使いやすい、持ち運びやすいなどの利便性が求められます（図6-2）。

図6-2 人間にとって使いやすいクライアントと、無駄のない構成のサーバ。求められるスペックは異なる

---

[1] やろうと思えばスマホをサーバにすることも可能です。スマホもパソコンと大きな違いはありません。操作をタッチで行うパソコンに過ぎないのです。

一方、サーバは「無駄のないこと」が求められます。サーバはサービスを提供するものなので、24時間365日、常に動き続けなければならないのです。

　例えば、Webサイトもサーバに置く代表的コンテンツですが、「ニャー太君のWebサイトにアクセスしようと思ったら、ニャー太君が起きている時間しかアクセスできない」では困ります（図6-3）。ニャー太君が寝ていようと旅行していようといつでもどこからでもアクセスできなければ、Webサイトとしては失格でしょう。Web以外にサーバに置くものでも同じです。そのため無駄をできるだけ排除して、無停止に耐えられるようにOSやパーツが構成されています（図6-4）。

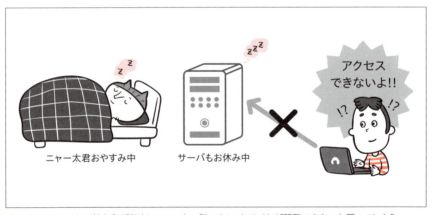

図6-3　Webサイトの持ち主が何をしていても、誰でもWebサイトが閲覧できないと困ってしまう

・熱がこもりにくいなど連続稼働を前提としたパーツでできている
・同時に複数のユーザがアクセスできるように設定されている
・OSは専用のサーバ用OSを使うことが多い
・ユーザごとに権限の設定がされている
・メインで動いているソフトウェア以外のプログラムにも、CPUのリソースが割り当てられている

図6-4　サーバ用コンピュータの特徴

　このように、クライアントとサーバは役割の違いなのですが、水泳選手とラグビー選手の体格が違うように「向いている機器の構成」は異なるのです。

Column

サーバ用OSの種類

サーバのOSは、クライアント用のOSを使用することもできますが、余計なソフトが入っていたりサーバとして使いづらい点があるため、専用に作られたサーバ用のOSを使用することが多いです。

サーバ用のOSには、Windows系とUNIX（ユニックス）系とがあり、Linux（リナックス）やBSD（ビーエスディー）はUNIX系です。Linuxには、更に「ディストリビューション」と呼ばれるパッケージ違いのものがあり、Red HatやCentOS、Debian、Ubuntuなどが有名です（図6-5）。

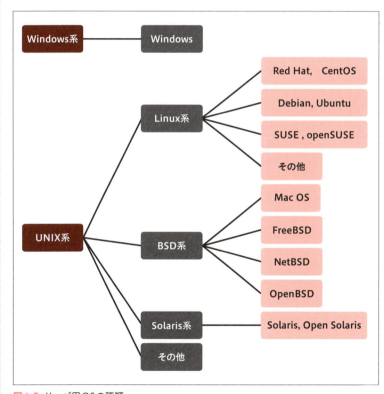

図6-5 サーバ用OSの種類

6-1-2 クライアントサーバシステム

データベースを使用するシステムのほとんどは、**クライアントサーバシステム**（クラサバ）の形態を取っています（図6-6）。

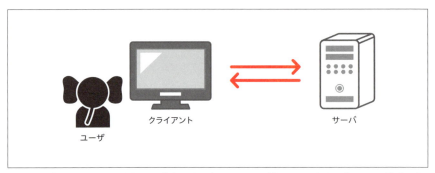

図6-6 文字通り、クライアントとサーバがセットになっているのがクライアントサーバシステム（もちろん、蔵に入った鯖とは関係ない）

クラサバは、サーバにシステムを置き、クライアントからサーバにアクセスして使う仕組みです。クラサバでない場合は、システムのすべてを一つのパソコンに入れて使います。これを「スタンドアロン型」[2]と言います。

データベースシステムは、複数で使うことや、大量のデータを扱うことが前提であるため、クラサバ型を取るわけです。

データベースであっても、Microsoft AccessやSQLiteのようなファイル型のデータベースはスタンドアロン型です。MySQLやPostgreSQLなどのRDBMSでもスタンドアロン型で運用することはできますが、複数のユーザが同時に使えなくなってしまうので、使い方としては少数でしょう。

---

[2] インターネットの常時接続が一般に普及しだしたのは、2004年頃かと思います。それよりも前は、会社でもパソコンは複数人で共有したり、接続もダイヤルアップが主でした。常時接続でない時は、常に回線をつなぐわけにもいかず、スタンドアロン型のシステムが主流だったのです。

6-1-3 | 筐体としてのサーバと役割としてのサーバ

少しややこしいのですが、「サーバ」という言葉には二種類の意味があります。一つは、**物理的なマシン**（筐体）です。「データベースはサーバに入っている」「サーバに○○をインストールする」と言った場合のサーバはこちらの意味で使われています。

一方、「Webサーバ」「メールサーバ」「データベースサーバ」という時の「サーバ」は、**機能を提供する概念**です。「Webサーバ」は、「Webを提供する機能」、「メールサーバ」は「メールを提供する機能」の意味で、提供するサービスによって「○○サーバ」[3]と呼ばれます。

図6-7 筐体としてのサーバと機能としてのサーバ

つまり、システムを作る場合に構築する「データベース」も「データベースサーバ」なのです。これらの「Webサーバ」や「データベースサーバ」はソフトウェアによって機能を実現します。そう、私たちも、RDBMSというソフトウェアを入れていますね、そういうことです。MySQLやPostgreSQLなどのRDBMSをサーバ（筐体）に入れることで、私たちは

---

[3] 概念的なサーバの種類としては、他に、FTPサーバ、プロキシサーバ、DHCPサーバ、DNSサーバなどがあります。ビールを入れておく入れ物を「ビールサーバ」と言うのと同じです。

「データベースサーバ」（という機能）を構築しているのです。

　これらの「機能としてのサーバ」はソフトウェアによるものなので、一つのサーバ（筐体）に複数のソフトウェアを同居させることも可能です。パソコンにWordとExcelを両方入れるように、Webサーバ用ソフトやデータベース用ソフトを入れられると言うわけです。サーバ（筐体）とは例えるとビルのテナントのようなもので、中に入れるソフトウェアによって役割が変わる、と考えるとわかりやすいでしょう（図6-8）。

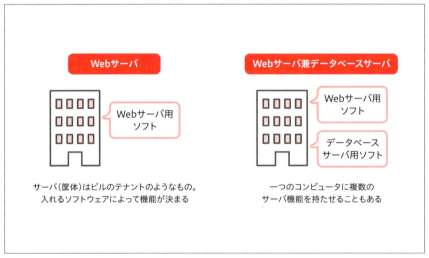

図6-8　サーバはビルのテナントのようなもの

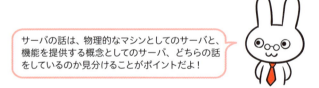

Chapter6 データベースを作ってみよう

2 データベースの操作

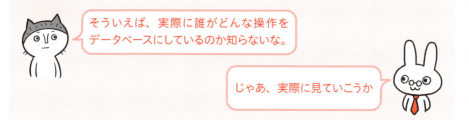

6-2-1 データベースはどのように操作するのか

　データベースはサーバ（筐体）に入っており、データベースサーバ（機能）である、ということがわかったところで、では具体的にはどのように操作するのかを見ていきましょう。

　データベースは手動もしくはプログラムで操作するというのは、既に何度か説明しているので理解できてきたのではないでしょうか（図6-9）。プログラムの場合はSQL文をプログラムに入れ込むことで操作しますが、手動の場合はどのように操作するのでしょう。

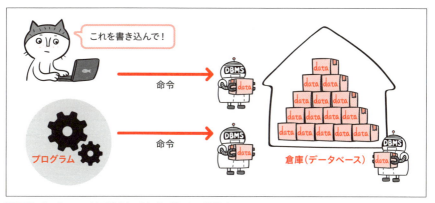

図6-9 データベースは手動もしくはプログラムで操作する

6-2-2 サーバで直接操作する／リモートで操作する

　データベースを操作するために、サーバを操作します。「サーバを操作する」などと言うと、大それたことをするような感じもしますが、サーバ（筐体）とクライアント（普段のパソコン）とはそんなに違わないのですから、操作自体もそこまで大げさなものではありません。

　サーバの操作は、直接操作する場合と、ネットワーク経由で操作する場合があります。

直接操作する

　直接操作する場合は、クライアントパソコンと同じです。ディスプレイとキーボードをつなげて操作します。

ネットワーク経由で操作する

　サーバは、ネットワーク経由で操作することも多くあります。それは、サーバが遠隔地やセキュリティルームなどに置かれ、物理的に遠い例が多いためです。サーバ管理者が何十台ものサーバを管理することも多く、毎回その場所に行って操作するのは現実的ではないという理由もあります。

　ネットワークからログインして操作する時は、「SSH」という暗号化した通信で入出力をやりとりする仕組みを使います[4]。使用するためには、サーバに「SSHサーバ」と呼ばれるソフトをインストールしておき、クライアントではSSHクライアントというソフトを使って操作します。「Putty（パティ）」や「TeraTerm（テラターム）」などが有名です。

6-2-3 黒い画面（CUI）で操作する

　サーバの操作なんて簡単なはずがない、"黒い画面"で何かしているはず……と思われたあなたはよく勉強しています（図6-10）。

---

[4] Windows系サーバの場合は、リモートデスクトップを使います。

図6-10 2章でも「コマンドラインツール」なるものが出てきていたが…

　クライアントとサーバの違いは、役割に過ぎないのですが、それゆえに、クライアントは**GUI**（Graphical User Interface）で、サーバは**CUI**（Character User Interface）で操作するケースが多いです。

　GUIとは、Windowsのようなビジュアルで操作するインターフェースのことです。ファイルをマウスでクリックしたり、ファイルをコピーする場合はドラッグ＆ドロップで行えます。WordやExcelの起動も、ダブルクリックです。

　ファイルやフォルダは、画像で一覧が表示されます。いつものWindowsやMacの画面ですね。

黒い画面の本名は、「コンソール」もしくは「ターミナル」

　CUIは、いわゆる"黒い画面"と呼ばれるもので操作します。黒い画面は、「コンソール（console）」もしくは「ターミナル（terminal）」と呼ばれています（図6-11）。ここにはテキストしか存在しません。操作もマウスを使うのではなく、キーボードで操作します。2章で少し出てきた「コマンドラインツール」もCUIです。

図 6-11 コンソールの一例

　サーバには、余計なものは入れないのがルールです。そのため UNIX 系サーバでは GUI の機能さえも避けられる傾向にあります。つまり、クリックやドラッグでの操作ではありません。一覧もすべてテキストで出てきます。

　使いにくそうと思う人もいるかもしれません。実際、CUI での操作は面倒です。フォルダの中身を見る時は、「○○のディレクトリ[5]に移動する」と命令を打ち込んで移動します。ファイルコピーの場合も「○○のディレクトリから○○のディレクトリにコピーする」と命令します（図6-12）。

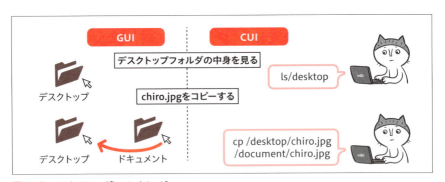

図 6-12 CUI と GUI の違いのイメージ

　そんなに面倒なことをしないで、GUI を入れれば良いじゃないか、と思われるかもしれません。確かにそうです。実際、最近は GUI を導入

---

[5] フォルダと、ディレクトリはほぼ同じ意味です。慣例的に、Windows の場合はフォルダ、UNIX 系 OS やソフトの入ったサーバではディレクトリと呼ぶことが多いです。

したプロジェクトも増えています。

しかしソフトウェアを追加すると、それだけアップデートなどの煩雑さも増えてしまいます。そのため避けられる傾向にあるのです。何がどういった問題を引き起こすのかわからないからです。とは言っても、現在のエンジニアの多くは物心付いた時から既にGUIでの操作に慣れていますから、今後、このままGUIの導入は増えていくことでしょう。

6-2-4 見慣れた画面（GUI）で操作する

主にCUIを使うという話は、UNIX系OS（LinuxやBSD）の場合です。Windows系サーバの場合は、GUIでの操作が基本です。

UNIX系サーバでGUIを導入したい場合は、ウィンドウ表示ソフトや、デスクトップ環境ソフトをインストールします。これを入れると、通常のパソコン操作にかなり近くなります（図6-13）。

図6-13 GUIの一例

データベース操作に限っては、サーバ自体にGUIを入れなくても、リモートでGUIで操作することも可能です。その場合は、「phpMyAdmin」[6]や「phpPgadmin」などのデータベース管理ツールを

---

6 phpMyAdminはMySQL、phpPgadminはPostgreSQL用の管理ツールです。PHPで作られているのでこのような名前になっています。

インストールします（図6-14）。RDBMSによっては、最初からデータベース管理ツールがインストールされている場合もあります。

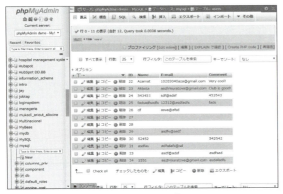

図6-14 データベース管理ツールの一つ「phpMyAdmin」

データベース管理ツールは、サーバ側にインストールし、クライアントからブラウザでアクセスします。リモートではなく、直接サーバを操作する時も使用できますが、ブラウザでの操作であるため、サーバ自体にGUIを入れ、ブラウザを入れなければなりません（図6-15）。ですから、直接サーバを操作する場合は、素直にサーバのGUIで操作した方がシンプルでしょう。

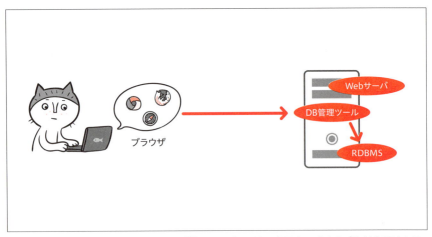

図6-15 データベース管理ツールは、サーバ側にインストールしてクライアントからブラウザでアクセスする

6-2-5 データベースの操作は誰が行うのか

データベースの操作は、データベース担当者やプログラマが行いますが、いきなり操作することはできません。サーバで操作するには、サーバにログインする必要があり、サーバ管理者[7]にログインできるユーザアカウントを作ってもらわなければならないのです。

また、サーバにOSを入れたり、各種ソフトを入れるなどの整備もサーバ担当者の仕事です。もちろんRDBMSを入れるのも、サーバ担当者が行います。データベース担当者は、サーバの準備ができてから、与えられたユーザアカウントでログインします（図6-16）。

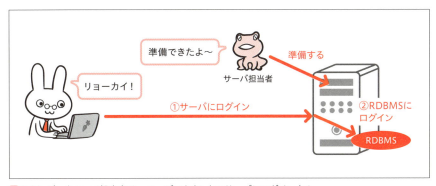

図6-16 データベース担当者は、ユーザアカウントでサーバにログインする

データベースを操作する場合も、データベースに対してユーザアカウントが必要です。ログインは、サーバにログインした後、RDBMSにもログインするのです。例えるならWindowsにログインした後、AmazonやSNSにログインするようなものです。

データベースにログインするアカウントの管理は、データベース管理者が行います。データベース管理者は、データベース領域の作成も行います。

---

[7] この場合の管理者は、サーバ構築を担当する人のこと。サーバを運用する時は、別の人や部署が管理することもある。サーバ管理者のことは通称「サバ管」と言います。

データベース領域を作成できたら、いよいよテーブルの作成と、データを入れるのですが、これは、データベース管理者が行う場合もあれば、プログラマなど別の人が行うこともあります（図6-17）。

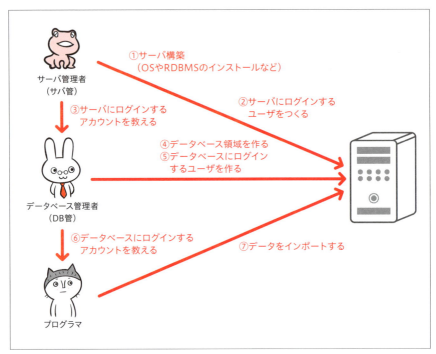

図6-17　それぞれの人がやることの一例

　誰が担当するかは社内の体制やプロジェクトによって流動的ですが、構築までの流れは同じなので、覚えておくと良いでしょう。

3 データベースの実装

 よし、基本はわかった。実際にデータベースを作りたい！

じゃあ、実際にRDBMSをインストールして、データベース領域、テーブルの作成を体験してみよう。

6-3-1 データベースの実装

次は、具体的なデータベース実装の話です。プロジェクトのどの部分に関わっているか、どのようなプロジェクトなのかによって変わりますが、大概はプログラミングするタイミングで、データベースを作成すると思って良いでしょう。

ここで言う「データベース」とは、RDBMSをインストールして、データベース領域を作成した状態のものを指します。

プログラミング時にデータベースがないと、プログラムに入れ込むSQL文が正しいかどうか検証できません。そのため、ダミーデータなどを入れてテストするのです（図6-18）。

図6-18 「テストなんかしなくても大丈夫だよ！」という不良プログラマがいるかもしれないが、それは悪の道。テストはしないといけません

データベースの作成は、プログラムで行うこともありますが、手動で行うことがほとんどです。そんなに何度もやることではないため、人が手でやった方が速いからです。もちろん、大量に行う場合はプログラムの方が速いです。

　前の節でも軽く触れましたが、「データベース」を作るには、まずサーバにRDBMSを入れます。RDBMSが入ったら、データベース領域を作り、テーブルを作って、レコードを入れます。町を作り、家を作り、部屋を作るようなイメージです（図6-19）。

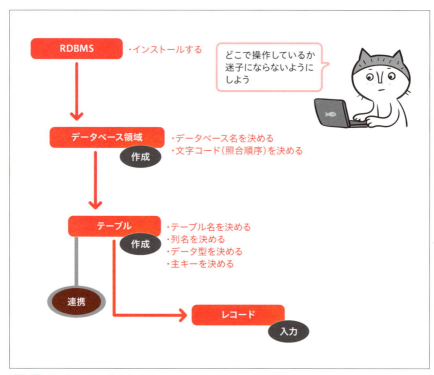

図6-19 データベースの作り方

　このようにデータベースはレコードを入れるまでに、何段階かの手順があるため、自分が何をやっているかわからなくなりがちです。迷子にならないようにメモを取るなどして「今何をしているのか」を意識するようにしましょう。今から、一つ一つの工程を確認していきます。

①RDBMSをインストールする

まずはRDBMSをインストールします。RDBMSには、「PostgreSQL」や「MySQL」「Oracle Database」など、様々なものがあります（図6-20）が、SQL文はある程度共通なので、情報が得やすいものを選択すると良いでしょう。

例えば、既にそのRDBMSを使ったシステムが社内にある、友人や会社に詳しい人がいる、書籍やインターネットで情報が得やすいなど、自分が困った時にどうにかなりそうなものが良いです。

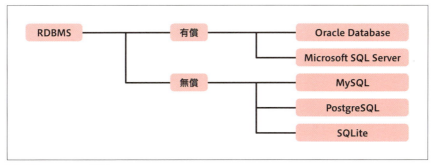

図6-20 RDBMSの種類

RDBMSは、サーバにインストールします。MySQLなどは、サーバ用OSによってはパッケージとして含まれているので、コマンド一つで入ります。

図6-21 RDBMSインストールのコマンド例

図6-21で紹介しているのは、CentOSというOSでMySQLをインストールするコマンドの例ですが、思ったより簡単ではないでしょうか。一行しかありません。細かい解説は省きますが、要は、「yum install mysql-communiy-server」[8]と打てば、入ってしまうということです。

クライアントパソコンにCDやDVDでソフトウェアをインストールするより簡単だと思うかもしれませんね。

しかし、クライアント用ソフトの場合は、ダイアログに答えながら設定も一緒にやっていくことが多いので、煩雑な感じがしますが逆に言えば親切です。RDBMSの場合、細かい設定は後から自分で行わなければなりません。つまり、インストールした後の作業が発生するのです。

②データベース領域を作る

RDBMSをインストールできたら、RDBMSにログインして、データベース領域を作ります。

いつも使っているWordやExcelなどは、Windowsにログイン（サインイン）すれば使えますが、RDBMSの場合は、サーバにログインし、更にRDBMSにもログインします。

ログインしたらデータベース領域を作るのですが、こちらもコマンド一つで作ることができます（図6-22）。また、データベース領域は複数作ることもできます。

図6-22 データベース領域を作成するコマンド例

8 コマンド一つで入るのは、CentOSのリポジトリに入っているからです。入っていない場合は配布サイトからダウンロードしてきて……というクライアントパソコンと同じような作業になります。

③テーブルを作る

　データベース領域を作ったら、ようやくテーブルを作ることができます。テーブルを作る時には、カラム（列）の名前や、データ型、長さなどを決める必要があります。作成と設定は同時に行います。

　つまり、テーブルを作る時には、あらかじめカラムの設定を決めておかねばならないということです（図6-23）。後から適当に調整すればいいや、というわけにはいきません。

ID	社名	郵便番号	都道府県	住所	電話番号	担当者名
1101	ティラノ社	156-0044	東京都	世田谷区赤堤	03-1234-5678	茶沢
1102	トリケラ社	156-0054	東京都	世田谷区桜丘	03-1234-5679	鳥山
1103	モサ社	157-0072	東京都	世田谷区祖師谷	03-1234-5680	猛者川
1104	スピノ社	146-0091	東京都	大田区鵜の木	03-1234-5681	檜山
1105	プテラノ社	152-0033	東京都	目黒区大岡山	03-1234-5682	府寺
1106	ステゴ社	152-0033	東京都	目黒区大岡山	03-1234-5683	捨戸
1107	ギガノト社	142-0041	東京都	品川区戸越	03-1234-5684	木下

それぞれのカラムに対し、名前やデータ型などを決める

対象となる列	カラム名	データ型	採用するデータ型	データの長さ	制約
ID	juid	数字	INTEGER	-	主キー
社名	company	文字列	VARCHAR	30	NULL不可
郵便番号	zip	文字列	VARCHAR	7	
都道府県	area	文字列	VARCHAR	10	
住所	address	文字列	VARCHAR	100	
電話番号	tel	文字列	VARCHAR	15	
担当者名	personal	文字列	VARCHAR	30	

図6-23　テーブルを作る時に、あらかじめカラムの設定を決めておく

　一つずつのカラムの設定は、以下のような書き方をします。

　「CREATE TABLE address」というのが、「address」という名前のテーブルを作る命令なのですが、これに続いてそれぞれのカラムの名前や設定を書いていきます。また、最後には主キーを指定します。これを実際に、「address」テーブルで書いてみると、図6-24のようになります。

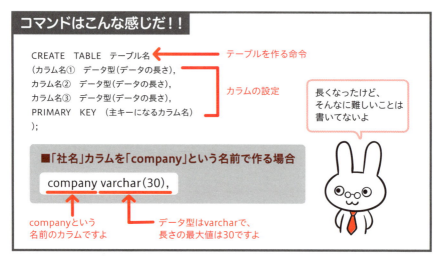

図6-24 テーブル作成コマンド例

```
CREATE TABLE address
(
    juid integer,
    company varchar(30),
    zip varchar(7),
    area varchar(10),
    address varchar(100),
    tel varchar(15),
    personal  varchar(30)
    PRIMARY KEY (juid)
);
```

全部、カラム名とデータ型が並んでるだけ!?

図6-25 実際に書いてみた例

　長くて面倒です。しかもチマチマこんなことをやっていたら、うっかり失敗してしまいそうです。

　そのため、テーブルを作成する時には、手動で行うことが多いのですが、その場で手打ちをするというよりは、あらかじめコマンドを作っておいてコピー＆ペーストで実行する例がほとんどでしょう。設定をどうするかきちんとまとめておくことも欠かせません。

④レコードを入れる

　レコードを入れる場合も、テーブル作成と同じように並べていきます。

しかし、件数も内容も多いため、テーブル以上にSQL手打ちでレコードを入れるのは大変です。

そのため、プログラムで入力画面を用意することが多いです。また、最初から多くのデータを入れたい場合は、プログラムで自動的に入れます。

```
INSERT INTO テーブル名
（カラム名①,カラム名②,カラム名③）
VALUES
（カラム①に入れる情報,カラム②に入れる情報,カラム③に入れる情報）;
```

図6-26 データを入力する例

```
INSERT INTO address (juid, company, zip, area, address, tel, personal)
VALUES (1108, 'にゃんこ社', '東京都', '1234555', '0312345558',
'トラオカ');
```

図6-27 住所録テーブル（address）にデータを入れる例

「INSERT INTO」は、入力しますという命令です。データベースにデータを入れる（インポートする）プログラマが、Excelで何かをしていることを見かけたことはないでしょうか。データの件数が少ない場合は、Excelで整理（図6-28）して、CSVファイルに書き出し、SQL文にして入力します。Excelで整理しきれないような場合は、プログラムで行います。

図6-28 データを整理する

プログラマが「CSV[9]がズレた！」などと慌てているなんてこともあるかもしれません。そうした時はテーブルやデータを整理しているのかもしれませんね。

---

[9] データをカンマで区切ったテキスト形式のファイル。Excelから書式を無くすことで作成することが多い。

Chapter6 データベースを作ってみよう

4 ユーザアカウント管理

アカウントを使うユーザって、もちろん人間だけだよね？

実はプログラムもユーザになれるんだ。

● 6-4-1 | ユーザアカウント管理

　データベースでは、ユーザアカウントでRDBMSにログインするため、ユーザアカウントの管理が必要です。

　では、アカウントを使う「ユーザ」とは何のことでしょうか。「ユーザ」と言えば、なんとなく私たち人間のことを指しているような気がしますが、実は人であるとは限りません。別に妖怪や幽霊というわけではなく、「プログラム」のユーザもいるのです（図6-29）。

図6-29 人間ではないユーザもいる

データベースはサーバにインストールして使用することがほとんどです。サーバにもOSが入っており、OSでは、プロセス[10]と結びついている実行主体のことを「ユーザ」と言います。つまり、何らかの操作をしている主体のことを「ユーザ」と呼ぶので、ユーザが、実際の人間の場合もあれば、OS上で動いているソフトウェアの場合もあるわけです。

　ユーザは複数作ることができます。もしプログラムがデータベースを読み書きするのであれば、プログラム用のユーザアカウントも必要です。

　ただ、複数のプログラムで構成されるデータベースシステムであっても、データベースのユーザアカウントは一つ[11]であることが多いのではないでしょうか。これは、データベースとつながったり切ったりを繰り返すと、大変時間がかかってしまう[12]からです。

　そのため、SNSのような複数のユーザが存在するようなシステムの場合も、ユーザ数と同じ数のデータベースアカウントを作ることはありません（図6-30）。

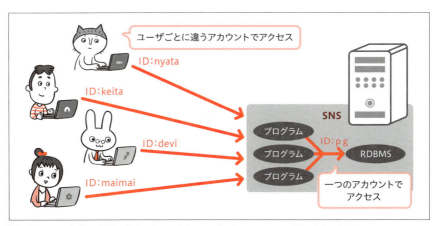

図6-30 ユーザごとに違うアカウントでアクセス、データベースのユーザアカウントは一つ

---

[10] 簡単に言うと、実行中のプログラムのこと。
[11] このように複数のプログラムが一つのアカウントを使ってデータベース接続を使い回すことをコネクションプーリングと言います。また、システムの中のプログラムは一つのアカウントを共有しますが、別々のシステムで共有することは稀です。
[12] 毎回接続するたびに、本当に存在するユーザなのかを確認するため、時間がかかります。門番さんが「ちょっと待ってね」と名簿を確認するようなものです。

高いセキュリティが求められる場合には、プログラムの役割ごとにユーザを作って権限を変更することもあります。その場合は、「データベースを書く専用ユーザアカウント」「データベースを読む専用ユーザアカウント」などの形で使い分けます。こうしておけば、もし悪意のある何者かがこのユーザアカウントを盗み取ったとしても、被害を少なくすることができます。

Column

サーバ構築のおすすめ書籍

「ゼロからわかる Linux Webサーバー超入門」
技術評論社　小笠原種高（著）

CentOSの基礎の基礎を、実際にコマンドを打ちながら学ぶ本です。サーバ構築は作って終わりではありません。その先に、RDBMSをはじめとした他のソフトウェアをインストールし、設定する必要があります。本書では、Apacheを使ったWebサーバを構築し、PHPを動かすところまでを扱います。

Chapter6 データベースを作ってみよう

5 ドライバとライブラリ

プログラムって簡単に言うけどさ、PythonとかPHPとか、いろいろ種類があるのに、それに全部対応できるの？

RDBMSにも種類があるから、組み合わせたら何通りもあるね。どうやって対応しているか見てみよう。

6-5-1 ドライバとライブラリ

データベースシステムの場合は、プログラムからSQL文を送ります。その時に、「データのやりとりの方法」を合わせたり、実際に通信したりするのが、「ドライバ」や「ライブラリ」[13]と呼ばれるものです（図6-31）。

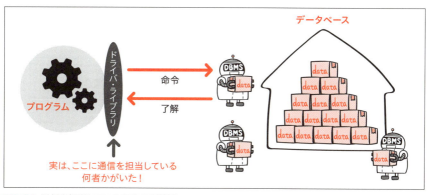

図6-31 通信を担当している存在の再発見

---

[13] データベースに接続するものを「ドライバ」と呼ぶか「ライブラリ」と呼ぶかは、言語によって違うものなので明確な違いはありませんが、「付け替えたり取り外したりできる形式のもの」をドライバ、「プログラムと一体化して取り外せないもの」をライブラリと呼ぶ傾向があります。

今までそんな話は出てこなかったじゃないかという声が聞こえてきそうですが、ここで初めてお話をすることにしましょう。
　ドライバ・ライブラリは一種類ではありません。プログラムと一口に言っても、言語は様々です。例えば、RDBMSとしてMySQLを使用する場合なら、PHPなのか、Pythonなのかによって、ドライバは違います。もちろん、RDBMSによっても違うので、「プログラム言語の数×RDBMSの数」程度はドライバ・ライブラリが存在する計算になります（図6-32）。

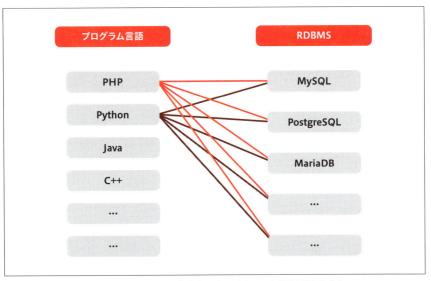

図6-32 プログラム言語の数×RDBMSの数程度はドライバ・ライブラリが存在する

　そのため、プログラムからRDBMSを操作したいのならば、該当するドライバやライブラリを入れなければなりません。ドライバ・ライブラリは、RDBMS側が用意していることもあれば、有志が作っていることもあります。
　プログラムを使う場合、もう一つ必要なものがあります。それは、プログラムの「実行環境」です。実行環境は、データベースを使うためではなく、そもそもプログラムを動かすのに必要なものです（図6-33）。

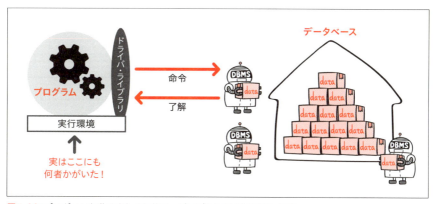

図6-33 プログラムを動かすために使う、プログラムの実行環境も必要

　こちらも、プログラム言語ごとに用意されています。「実行環境」と言うとピンと来ないかもしれませんが、例えば、クライアントパソコンでも、Javaで作られたプログラムを利用する時に「JRE」と呼ばれる実行環境をインストールしているはずです（図6-34）。

　同じように、サーバでも実行環境が必要になるのです。

図6-34 Java JREは、Javaを動かすために必要な実行環境。画面下に「アップデートしてください」というメッセージとともに表示される、コーヒーカップマークでおなじみ

Column

実行環境とは

　実行環境とは、そのプログラミング言語で書かれたプログラムを読み込んで実行するものです。ちょっと難しい話ですが、プログラムはインタプリタ系とコンパイラ系[14]の違いはあっても、どちらも実行時に、OSで実行されるように変換が必要です。これは、プログラム言語側が一つであっても、実行できるOSは複数だからです。大雑把に言えば、どのOS上で動くプログラムも基本的には同じ書き方[15]をしますが、OS側は違うものなので、そこを上手く変換して、OSに伝えるのが実行環境ということです。

　実行環境は、PHPやPython、Perlなどのインタプリタ系であれば、それぞれPHP、Python、Perlといったインタプリタのプログラムが相当します。コンパイラ系のJavaならJRE、.NETなら.NET Frameworkです。これらはOSやCPUなどの構成の違いを調整してプログラムを実行してくれます（図6-35）。

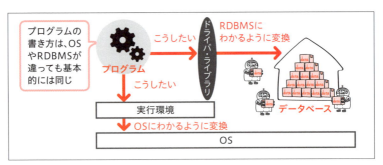

図6-35　プログラムの書き方は、OSやRDBMSが違っても基本的には同じ

14　PHPやPython、Perlなどはインタプリタと呼ばれる言語で、ソースコードを読み込んで一行ずつ実行します。Javaや.NETはバイナリを出力するコンパイラと呼ばれる言語で、まとめてコンパイルしてから実行します。

15　基本的には同じなのですが、プログラミングするのに使うライブラリが違うと、そこは違う書き方をしなければなりません。例えば、iPhoneとAndroidではかなり書き方が変わってしまいます。

Chapter7
データベースを運用しよう

―バックアップ・保守運用

7-1 データベース運用で気を付けること
7-2 正しく稼働させる
7-3 安全に稼働させる
7-4 稼働し続ける

データベースは作って終わりではありません。保守や運用が必要になります。保守・運用業務は、システム開発者が行うとは限りませんが、どのようなことをしているのかを理解することで、設計の考え方をブラッシュアップするのにも役立ちます。

Chapter7 データベースを運用しよう

1 データベース運用で気を付けること

やっとデータベースが完成した！任務完了！

いやいや。作って終わりじゃなくて、これからが本番だよ。

● 7-1-1 │ データベースを運用するということ

　前章で、ようやくデータベースを作ることができました。が、システムは作って終わりではありません。運用も必要です。

　サーバ運用の基本は、**24時間365日正常・安全に稼働し続けること**です。これは、データベースサーバでも同じです。いつでも使える状態でなければなりません（図7-1）。

図7-1 サーバの基本は24時間365日正常・安全に稼働し続けること。IT業界では「ニーヨンサンロクゴ」などと言われる

　また、ただ稼働し続けるのではなく、「正しく安全に」というのも大きなポイントです。稼働していても、データが壊れているなどの正しくない状態ではいけませんし、重要なデータが外部に漏れた状態では困ってしまいます。正しく安全に稼働していてはじめて、運用されていると言えるのです。

Chapter7 データベースを運用しよう

2 正しく稼働させる

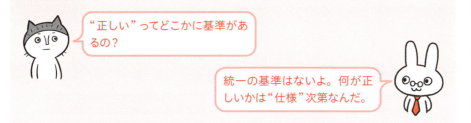

7-2-1 正しく稼働する

「正しく稼働する」とは、どのような状態でしょうか。実は、決まっていません。

前のページで「データが壊れているなどの正しくない状態ではいけません」と書きましたが、それは「データが壊れているのは正しくないと決まっているから」に過ぎないのです。もし「データが壊れていてもOK!」と決まっているシステムならば、壊れている状態もまた正しいのです。

なんだか、禅問答みたいですね。どういうことかというと、どのような状態が「正しい」のかは、仕様で決めるということです（図7-2）。

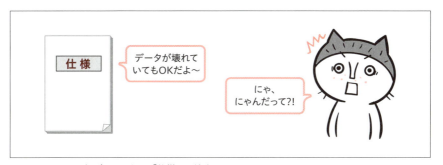

図7-2 システムで何が正しいかは「仕様」で決まる

例えば、ニャー太君の部屋が汚いので清掃業者に掃除を依頼したとします。掃除が終わった時、もし、ベッドルームはきれいになっていても台所は汚いままだとしたらどうでしょう。もし「家の中すべてをきれいにする」という契約ならば、重大な契約違反ですね。台所もやってもらう必要があります。しかし、「3時間でできる範囲のみ」なら妥当でしょうし、「ベッドルームのみ」ならば契約どおりです。つまり、「どこまでやるのが正しいのか」は契約で決まるわけです（図7-3）。

図7-3　掃除の範囲は契約次第

　また、「きれい」と言っても、人によって基準は様々です。空き缶やカップラーメンの空容器が転がってなければ「きれい」と判断する人もいれば、埃があってはいけないという人もいます。せっかく依頼したのに「思っていたのと違う」と感じるかもしれません。そうした認識違いにならないよう、「きれい」とは「床に物が落ちていなくて、掃除機のかかった状態とする」「押し入れの中は触らない」など、細かい基準も決めておくとスムーズです。

　システムやプログラムでも同じことです。「どの状態が正しいのか」は仕様で決め、ケースによっては「正しいこと」の基準も明確にしておきます。システム、プログラムなどと言うと機械的な印象を受けるかもしれませんが、人間が作るものです。文章や絵に作者の人柄が表れるように、プログラムにも人柄が表れます。完璧なものばかりではありません。雑に作られていたり、個性的に作られていたりすることもあるでしょう。いくつかのセオリーやパターンがあるにしても、画一的に「こうしましょう」と型が決まるようなものではないため、このような仕様が必要なの

です。

　壊れていようが腐っていようが、「その状態が正しい」と決められているならば正しいですし、一見正しいように見える状態も「壊れている」と定義されているかもしれません。どのように動くのが正しいのか、どのように動かなかったら正しくないのか、こうした「システムとしての正しさ」を仕様で決め、決まった内容をもとに「正しく動いている」と見なします。

　とは言っても「常識の範囲」というものはあるので、次のようなポイントは、「正しい」の基準とされることが多いです。

● 7-2-2 | データが壊れていないこと

　最初のポイントは、データが壊れていないことです。「データが壊れている」状態は、二種類あります。

　一つは、**論理的**に壊れている状態です。データは入っているけれど、メチャクチャに入っている状態を指します。

　4章のトランザクションで説明しましたが、トランザクションが設定されていないと、途中まで処理を行い、途中から未処理の状態になってしまうことがあります。このように、「理屈がおかしいデータ」の状態を「論理的に壊れている」と言うのです。

　論理的に壊れた状態の原因として、トランザクション未設定の他、プログラムが書き込む場所や内容を間違えてしまったり[1]、何かの理由でテーブル設定[2]がおかしくなってしまったりすることが考えられます。

　もう一つの壊れた状態は、**物理的**に壊れた状態です。ストレージ（HDDやSSD）[3]が壊れてしまっては、当然、中のデータも失われた可能性が

---

[1] プログラムが自分で勝手に間違えるわけはないので、もちろんこれはプログラマのミスです。
[2] テーブルは後から編集することはないので、基本的にはないのですが、世の中は何が起こるかわからないということです。「それは大丈夫でしょ」などと慢心してはいけません。
[3] データを保存する場所を「ストレージ」と言い、電源を切ってもデータが失われません。代表的なストレージはHDDとSSDで、データベースのデータももちろんストレージに保存されます。

あります。サーバのマシンが壊れて[4]しまうこともあるでしょう。こうした状態を「物理的に壊れている」と言います（図7-4）。

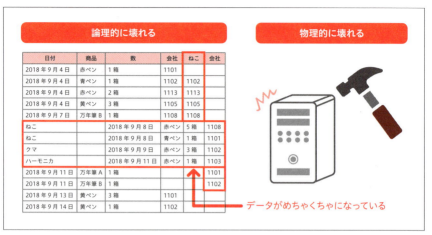

図7-4 データが壊れている二種類の状態

　正しく稼働するためには、これらがどちらも起こらないようにしなければなりません。ただ、完全に起こらないようにするのは難しい話なので、HDDやSSDの冗長化[5]をしたり、バックアップを適度に取ることが求められます。

● 7-2-3 ｜ データにアクセスできること

　次に、データにアクセスできることです。「データにアクセスできること」は、「正常にデータにアクセスできること」と言い換えた方が正確かもしれません。
　また「正常」という言葉が出てきましたが、これもやはり「何が正常であるか」が定義される必要があります。アクセスできるかどうかに、定

---

[4] サーバのマシンが壊れてしまっても、ストレージが生きていればデータは救出できます。
[5] 冗長構成とは、ハードウェアを複数用意し、故障に備える仕組みです。特に、HDDやSSDのようなストレージの場合には、RAIDを組んで、リスクを分散させます。一部が故障しても動き続けられるように考えられています。

義も何も無いだろうと思われるかもしれませんが、「データにアクセスできるかどうか」という「できる・できない」は単純ではありません。

例えばニャー太君がブログに記事を投稿しようとして「投稿」ボタンをクリックしたとします。この時、処理が終わるまでに5時間かかるとしたらどうでしょうか（図7-5）。

図7-5 処理に時間がかかりすぎると失敗したと思われる

5時間も「処理中です。しばらくお待ちください」の文字が表示されていたとしたら、失敗したと思ってブラウザを再起動してしまいそうです。つまり、どのくらいの処理時間で返答があったら「できた」と見なすのかを決めなければならないのです。

このように、データベースにアクセスして返ってくるまでの時間を「**レスポンスタイム**」と言います。また、レスポンスタイムはデータベースを使っているうちに遅くなってくることもあります。データが多くなると、アクセスもそれに比例して多くなるため、目的のデータにたどり着くのが遅くなるのです。

遅くなったら、調整して「正しくアクセスできるように」しなければなりません。4章で紹介したインデックスを付けたり、要らなくなったデータを削除したりするなどの処理を行います。

この他、データベース担当者というよりはサーバ担当者の職務の範疇ですが、アクセスが多い場合[6]は、サーバがダウンしないように増設したり、ロードバランサーを導入して負荷を分散させたりするなど、レスポンスタイムが遅くならないように対策をします。

---

[6] アクセスが多くなると、混みあって遅くなってしまうので、そもそものサーバを増やしたり、サーバへのアクセスを振り分けるわけです。

Chapter7 データベースを運用しよう

3 安全に稼働させる

あっ、コーヒーをサーバにこぼしてしまった……。危ない危ない。

おっと、危ないね。こんなふうにコンピュータの安全を脅かす存在を"脅威"と言うよ。

7-3-1 安全に稼働する

「正常」は定義が必要なのに対し、「安全」はおおよそ決まっていると考えても良いでしょう。ただし時代は変わるので、以前は公開しても良かった情報を漏らしてはいけなくなったり[7]、新しいクラッキング[8]技術で危険な状態に陥ったりすることもあります。

そのため、やはり定義が必要ですし、決まっていないことについても常に情報を得て、安全を維持しなければなりません。

「うちの会社は小さいから大丈夫！」などと油断する人もいますが、小さい会社でも、大きな企業を攻撃するための踏み台にされてしまうことがあります。データも流出させていいわけがないのです（図7-6）。

---

[7] 例えば、最近ではユーザの入力したパスワードが違う場合でも「パスワードが違います」とは表示されません。IDは合っていることが判明してしまうからです。代わりに「IDもしくはパスワードが違います」と表示します。以前は「パスワードが違います」と表示されていました。

[8] クラッキング（cracking）とは、不正な方法でシステムやパソコンを利用することです。昔は「ハッキング（hacking）」と言いましたが、ハッキングは必ずしも不正であるとは限らないので、悪意のあるものを特にクラッキングと言うようになりました。クラッキングされることを「クラックされる」とも言います。クラックを行う人は「クラッカー」です。

図7-6 どんな規模の会社かは関係がない

　安全を脅かすものを「**脅威**（きょうい）」と言います。脅威という語感から、クラッカーからの攻撃や、ウィルスのばらまきなどの「**サイバー攻撃**」をイメージするかもしれませんが、地震や火事、作業者のミスなども脅威の一つです。

　サーバやシステムを運用する側からすれば、相手が人間でも自然でも、悪意があろうとなかろうと、「安全を脅かすもの」であることには変わりありません。

　サーバやデータ、システムを壊しそうなもの、失ってしまいそうなもの、邪魔しそうなもの、漏洩させるようなものを脅威と考えるとわかりやすいでしょう。

　データベースは脅威によって脅かされるものの一つです。情報を狙ってくるような攻撃者からすれば、一番欲しいものですし、物理的に壊れてしまったら最も困るものです。

　サーバのお守りは、サーバ担当者の仕事だからと呑気に構えていると、壊れたデータベースの再構築に慌てることになります。ちゃらんぽらんなサーバ担当者の場合はなおさら警戒が必要です。

Column

情報セキュリティ

情報セキュリティとは、情報の「**機密性**（Confidentiality）」「**完全性**（Integrity）」「**可用性**（Availability）」を維持することを言います。

頭文字を取って「情報のCIA」とも言います。

ちょっと難しそうな言葉ですが、安全を守る基準の考え方として参考にすると便利です（図7-7）。

CIA	意味
機密性	・正当な権利を持った人だけがアクセスできること ・他者に漏洩しないこと・窃取されないこと （システムに入り込まれたり、情報が盗まれたり、誰かに見られたりしないことなど）
完全性	・データが正当であること ・データが改竄されないこと （データを改竄されてしまったり、データの不整合、欠損がないことなど）
可用性	・必要な時にアクセスできること ・システムが稼働していること （サーバにアクセスできること、システムがダウンしてないことなど）

図7-7 情報のCIA

7-3-2 | 三つの脅威

脅威には、大別して物理的脅威、人為的脅威、技術的脅威があります。脅威の主体が物理的なものか、人か、技術かによって分けられています。

ただし、それぞれ区別が付きづらい時もあるので、わかりづらい時は無理に区別する必要はありません。セキュリティの試験などを受ける時には区別できなければなりませんが、普段はまとめて考えてしまっても問題はないでしょう。

それよりも、「悪意があるなしに関わらず、脅威は存在する」「物理的に壊される場合もあれば、人為的だったり、技術的な場合もある」「あらゆる事態を想定しておくべき」とだけ理解しておいてください。

①物理的脅威

物理的脅威は、自然災害や、盗難・破壊など、サーバマシンに物理的に加えられる脅威です。

記憶に新しいところでは、2018年の北海道地震で、さくらインターネット[9]の石狩データセンター[10]が停電の危機に陥りました。非常用電源設備で電力を確保し、その後、北海道電力からの電力供給も復活したため、大きなサービス障害となることはありませんでしたが、もし電力供給が行われなかったら、国内の多くのウェブサイトや、メール、システムなどに影響があったことでしょう。物理的脅威は、なんとなく他人事のように思いがちですが、「自分にも起こるかもしれない脅威」として、備えることが肝要です。

---

9 さくらインターネットは、国内大手サーバ事業者です。明らかにしていないものの実は使用しているという企業や団体は数多くあります。
10 データセンターを首都圏に集中させると、首都圏で地震などがあった場合に壊滅してしまうので、地方にも分散されています。石狩データセンターは雪を使って冷却を行うユニークな事例でも有名です。

②人為的脅威

人為的脅威とは、人によって起こされる脅威です。クラッキングや情報漏洩などの「人が攻撃してくる脅威」がイメージしやすいでしょうか。しかしこれだけではなく、データの破損・盗み見・紛失なども人為的脅威に分類されます。

つまり「人が何かやって起こされる脅威」は悪意があるなしに関わらず「人為的脅威」なのです。

ニャー太君が、コーヒーをサーバにこぼしてしまっても人為的脅威ですし、USBメモリを無くしても人為的脅威です。もちろん、パスワードを聞き出す、社内サーバに侵入してデータを盗む、間違ってデータを上書きするなども人為的脅威ですね。

③技術的脅威

技術的脅威は、技術的なミスや罠による脅威です。ウェブサイトや、メールにしかけられた罠[11]、マルウェア[12]、DoS攻撃[13]、セキュリティホール（セキュリティ的に問題のある箇所、欠陥）などが該当します。

データベースに関係する攻撃としてもっとも有名な「**SQLインジェクション**」も技術的脅威の一つです。

「攻撃」と言えば、この手の脅威がクローズアップされがちですが、人為的脅威や物理的脅威と組み合わされることもあります。

---

[11] フィッシング詐欺など。
[12] 悪意のあるプログラムや、コードのこと。
[13] DoS（ドス）攻撃とは、サーバやネットワークに負荷をかける攻撃です。「F5アタック」と呼ばれるF5キーを押して画面をリロードさせて負担をかける攻撃や、「田代砲」と呼ばれる投票スクリプトなどが有名です。

> Column

SQLインジェクションとは

　SQLインジェクションとは、SQL文を打ち込み、データベースを不正に操作する攻撃です。こうした攻撃は、ウェブサイトやシステムの脆弱性を突いて行われます。「SQL」「データベースへの攻撃」という文言から、データベースに問題があるような気がしてしまいますが、「データベースへの命令（SQL）」を利用した攻撃なので、攻撃の入り口になっているのは、ウェブサイトやシステムであり、データベースではありません。

　正常な状態であれば、プログラムからSQLへの正しい命令が行われますが、SQLインジェクション攻撃では、プログラムに不正な命令を出させることで、データベースを操作してしまうのです。

　多くのパターンでは、入力フォームのあるウェブサイトの脆弱性を利用し、不正なSQLを打ち込みます。対策として、「エスケープ処理」を行います。これは、フォームにSQL文を入れられても命令ではなく文字列として扱い、実行しないという処理のことです。

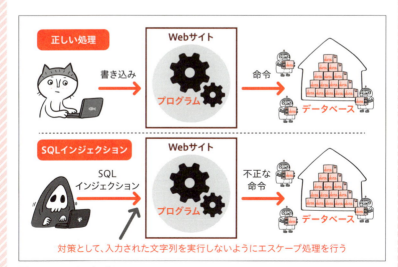

図7-8 SQLインジェクション

Chapter7 データベースを運用しよう

4 稼働し続ける

問題がないかどうかずっと見張りを続けるなんて大変そうだね。

大変だけど、事故が起きて対応する方がもっと大変だよ！！

● 7-4-1 | 稼働し続ける

「正しく安全である」状態は、一時的では意味がありません。その状態がずっと維持される必要があります。

維持するために必要なのは、①監視、②復旧　③維持　の三つです。平たく言うと、「大丈夫かどうか見張って、問題があったら復旧させて、問題が起こらないように対策を講じる」ということです（図7-9）。

監 視	… 不具合がないか見張る
復 旧	… バックアップを取る
維 持	… アップデート、システム改修を行う

図7-9 維持するために必要なのは、①監視、②復旧　③維持　の三つ

①監視（大丈夫かどうか見張る）

サーバは生き物です。「無機物に何を言っているのか？」と思われるかもしれませんが、サーバ上でソフトウェアやシステムが動き、人々がアクセスしてくる限り、サーバの状態は変化し続けます。

ハードウェアが経年劣化で壊れるかもしれませんし、悪意のある攻撃者が侵入しようとしていることもあります。

データベース関連としては、システム稼働中はデータは増えていきます。ブログやSNSであれば、記事や画像が増えますし、そうでなくても細々としたデータが増えていくものです。そのため、データが貯まりすぎてストレージに書き込めなくなってしまうことがあります。

他に、データが多くなりすぎて速度が遅くなる、データにアクセスできなくなる、過負荷がかかる、といった不具合が起こってないかどうかを監視する必要があります。

②復旧（バックアップとリストア）

サーバは24時間365日正常に動くことが理想ではありますが、何かが起こった時には、正常な状態へと復旧させなければなりません。

サーバマシンが物理的に壊れてしまった場合には、部品を取り替えることになりますが、ストレージからデータが救出できるとは限りません。また、処理の最中に壊れた場合は、いくらトランザクションが設定されていても、データが不完全な状態になっている可能性もあります。

日頃から適切にバックアップを取り、そこから復旧（リストア）させるのはもちろん、場合によっては、手作業で直す必要もあるでしょう。

故障対策だけでなく、人が間違えて消してしまった時のためにも、アップデートやデータベースの整理など、「何か行う」前には必ずバックアップを取ります。

③維持（問題が起こらないように対策を講じる）

　維持のための大きな作業としては、OSやソフトウェアのアップデートが挙げられます。RDBMSもソフトウェアの一つですから、アップデートがあるわけです。アップデートをすると、システムとの連携が上手くいかなくなることもありますが、アップデートの多くはセキュリティホール対策[14]なので、アップデートを行わないと、悪意のある攻撃を受ける可能性があります。

　このあたりはシステム改修も含む場合がありますから、チームで話し合いが必要でしょう。アップデート以外のメンテナンスとしては、不要なデータの削除や、重複しているデータベースの整理などを行います。

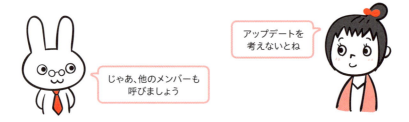

---

[14] サイバー攻撃の多くは、「セキュリティホール（脆弱性）」と呼ばれるセキュリティ的な弱点をとっかかりとします。世界中で使われているOSやソフトウェアは、クラッカーにより研究され、セキュリティホールのあるシステムは攻撃されてしまいます。あまり広まっていないソフトウェアやシステムであっても、ある程度パターンがあるため、やはり攻撃の足がかりとされてしまうことがあります。

Column

バックアップ

　機器の故障の場合は、機器や部品を交換すれば済みますが、中に入っているデータは買ってくるわけにはいきません。

　そのため、定期的にファイルを別の場所にコピーしておき、元の状態に戻せるようにしておくことが大切です。ファイルをコピーして別の場所に保存しておくことをバックアップと言います。

　バックアップは、毎日、毎週、毎月など、定期的に行うものもありますが、ソフトウェアのインストールなど、何かサーバの設定を大きく変更する前にも取ります。そうすれば万一失敗した時も、元に戻すことができます。

　またタイミングの他に、範囲も重要です。バックアップ対象をすべて取ることをフルバックアップ、前回から更新されたファイルだけ取ることを差分バックアップと言います。

　フルバックアップは時間がかかり、容量も必要とします。差分バックアップは、その差だけを取るので、時間が短く容量も少なくて済みますが、元に戻す時には、過去分をたどって一つずつ戻す必要があるので手間がかかります。

　多くの場合、フルバックアップと差分バックアップを上手く組み合わせます。例えば、毎週日曜日にフルバック、平日・土曜日は差分バックアップという具合です。

　バックアップデータの対象によっては、個人情報やログインに関する情報、一般には公開したくない設定情報などが含まれていることもあるので、バックアップデータは厳重に管理しなければなりません。

> **Column**

ログとは

　サーバでは、エラー情報などのメッセージを、ファイルに書き込み、サーバの管理者が後で確認できるようになっています。これをログ（log）と言います。

　ログは「このアプリケーションは○○時△△分に起動しました」という当たり障りのないものから、「○×時△□分にディスクエラーを検知しました」という異常発生時の記録など、様々なものが記録されています。

　これらログは、コンピュータが正しく動作しているかを確認したり、異常が発生した時には原因を探るための判断材料になり、運用の現場では非常に重要なデータとなります。

　なお、ログは分量がとても多いので、人間が目視で見きれません。そこで監視ツールを使用して、何か異常があった時には、連絡がくるように設定しておき、監視の助けとするのが普通です。

> **Column**

レプリケーション

　データベースのデータのコピーを作り、複数台のデータベースサーバで構成することを「レプリケーション（Replication）」と言います。複数台で運用することで、一つのサーバへの負担を減らします。

　作った複製のことを、「レプリカ（replica）」と言い、いわゆる複製品のレプリカと同じものです。

　レプリケーションにはシングルマスタとマルチマスタがあります。シングルマスタは、1台のマスタ（読み書きできる）と、それ以外のスレーブ（読み込みのみ）で構成され、マルチマスタは、すべてのサーバがマスタ（読み書きできる）で構成されます。

Chapter 8
データベースを使おう
― データベースアプリケーションの仕組み

8-1 データベースシステムを作るには

8-2 身近なアプリケーションとデータベースの関係

　データベースシステムの構築について一通り学んだところで、最後は、データベースを使ったシステムの仕組みについての解説です。
　現代では、あらゆるところにデータベースが使われていると言っても過言ではありません。どのシステムのどこにデータベースが組み込まれているのか、事例を挙げながら説明していきます。

Chapter8 データベースを使おう

1 データベースシステムを作るには

昨日はWebで映画館の座席予約して、友達とオンラインゲームして、会社の基幹システムを使って仕事して…

データベースを使ったシステムにお世話になりっぱなしだね。どんな種類があるか見てみよう。

● 8-1-1 | データベースシステムの仕組み

　これまでデータベースの話をしてきましたが、データベースシステム全体から見た時に、データベースはその一部でしかありません。最後の章として、データベースを使ったシステムについて説明していきます。

　6章で、クラサバ（クライアントサーバシステム）についてお話ししたのを覚えているでしょうか。

　サーバにクライアントからアクセスして使うのがクラサバ型、クライアントだけで完結しているのがスタンドアロン型です。6章ではあまり詳しく解説していないので、それぞれの仕組みについて見ていきましょう（図8-1）。

図8-1 スタンドアロンとクラサバの違い

8-1-2 クラサバはどうなっているのか

　スタンドアロンで作る場合とクラサバ型とでは、構成が若干違うことが多いのですが、要は「システムのプログラム」「DBMS」「データベース」にあたる機能が、クライアントのみに収まっていればスタンドアロン型[1]、サーバとクライアントで構成されていればクラサバ型です。

　スタンドアロン型にはそれほど多くのパターンはないのですが、クラサバ型はいくつかのパターンがあるので、簡単に紹介していきましょう。

3階層で構成されるクラサバ型システム

　まず、現在のクラサバ型システムで主流なのは、3階層以上で構成されているケースでしょう（図8-2）。

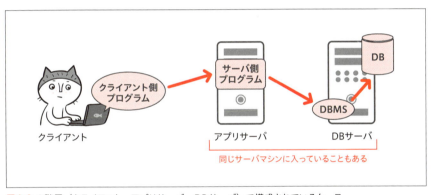

図8-2 3階層（クライアント、アプリサーバ、DBサーバ）で構成されているケース

　3階層とは、クライアントと、サーバ二つ（アプリサーバ[2]、DBサーバ）で構成されていることを言います。サーバ二つは、わかりやすいように別々のサーバとして図を書きましたが、実際は、一つのマシン[3]に入っ

---

1 スタンドアロン型の場合、システムのプログラムとDBMS機能がまとまっていることもあります。
2 アプリサーバとは、アプリケーション（プログラム）の入っているサーバのこと。ソフトウェア、システム、アプリはそれぞれ似たような言葉ですが、慣例的にアプリサーバと言うことが多いです。
3 6章でも説明しましたが、サーバとは役割のことなので一つのマシンに両方のソフトを入れて同居させることもできるのです。

ていることもあります。

アプリサーバには、サーバ側プログラムが入っており、今まで「命令するプログラム」として登場したのはこの「サーバ側プログラム」です。DBサーバ[4]はもちろん、DBMSとデータベースのセットのことです。

クライアント側にもプログラムが入っていますが、クライアント側とサーバ側プログラムの違いは、システム設計によって様々です。クライアント側がメインの場合もあれば、サーバ側がメインの場合もあります。

○ クライアント側にメインのプログラムがある構成

当然のことですが、クラサバ型はシステムやアプリ起動時にクライアントとアプリサーバとの間に通信が発生します。

アプリサーバとクライアントサーバは、データセンターやサーバ事業者に置かれていることが多く、その場合は、クライアントとサーバ間の通信もインターネット回線を利用します（図8-3）。

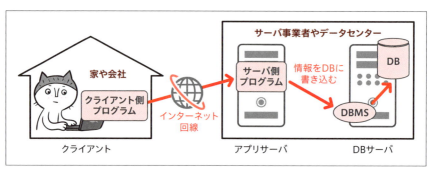

図8-3 クライアントとサーバ間の通信はインターネット回線を使う

クライアントが常時接続でインターネットを利用しているのであれば問題はないのですが、スマートフォン利用時など、回線使用量に上限があったり不安定な場合は、頻繁な通信は望ましくありません。

---

[4] わかりやすいようにセットで同じマシンに入れていますが、DBだけ別のマシンに置いたり、DBMSのみアプリサーバと同居させることもあります。つまり概念的には、「アプリサーバ」と「DBサーバ（DBMSとDB）」に分かれるのですが、実際に物理的な場所（マシン）としては必ずこの組み合わせで分かれているとは限らないということです。

そうした場合は、クライアント側のプログラムをメインとし、管理したい情報だけサーバ側に送るような構成とすることで通信量を抑えます。

　このような構成は、スマートフォンのゲームアプリなどでよく見られます。メインとなるゲームのプログラムはクライアント上で動き、ゲーム上の処理を行います。結果が出たところで、所持アイテムや勝敗結果のデータのみサーバ側に送るのです。

　画像やゲーム本体をやりとりすると通信量が大きくなりますが、「アイテム6つ所持」「3ステージ目のボスに勝利」などのデータのみであれば、データを小さく抑えることができます（図8-4）。

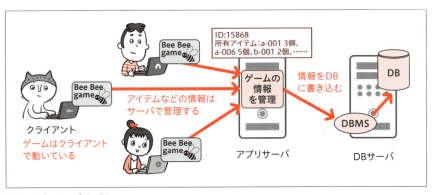

図8-4　ゲームアプリの例

サーバ側にメインのプログラムがある構成

　逆にサーバ側がメインのプログラムを担当している構成は、業務アプリなどによく見られます。一つのシステムを複数のユーザで使用し、クライアント側は、サーバ上のシステムを操作するツールとして扱うようなケースです。会社に置かれた大きなシステムを皆で使うようなイメージでしょうか（図8-5）。

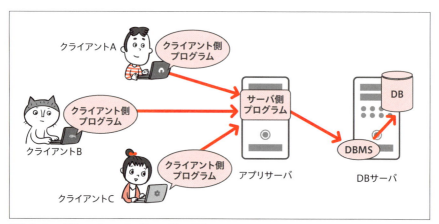

図8-5 サーバ側にメインのプログラムがある場合

　このようなスタイルは、システムのプログラムやデータを一元管理するのに便利です。例えばチケットの販売システムなどは、個々のクライアントで処理してからサーバに送る形だと、一つの座席を二人に販売してしまうかもしれません。図のクライアントAに売っているということを、クライアントBは知らないからです。同時刻に処理した場合は、同時にサーバに「売りました」という結果が届くことになります。売られた方は迷惑ですが、サーバ側もビックリです。

　また、クライアント側にデータを持たせたくない場合もあります。会社の機密情報などをクライアントに入れてしまうと、パソコンを落としたら一巻の終わりですが、アプリサーバのみにデータがあるならば、落とした持ち主のIDとパスワードを無効にするだけで済みます。

　システムのプログラムという面では、クライアントよりもサーバの方が処理能力は上[5]なので、クライアントで動かすと重いものも入れられます。サーバは一つでもクライアントは複数なので、OSのバージョンや環境が違うこともありますが、クライアント側プログラムを最小限にしておけば、そうしたメンテナンスの苦労も少なくて済みます。

---

[5] サーバは古いノートPCでもサーバにできるので必ずしも処理能力が上とは限りませんが、一般的には、サーバ用マシンを使うでしょう。ちなみに、マシンが古すぎてメモリが少なすぎると、さすがのサーバ用OSも入れられないことがあります。

このようにサーバ側がメインのシステムで、特にクライアント側プログラムとして**ブラウザ**[6]を使い、アプリサーバ側に**Webサーバ機能**[7]がある構成を特に「Webシステム（Webアプリ）」と言います（図8-6）。

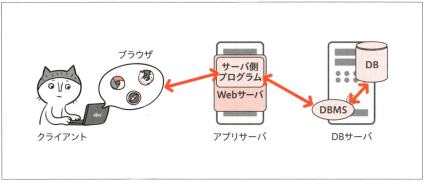

図8-6 Webシステム（Webアプリ）のイメージ

こうした時のサーバ側プログラムは、Webシステムとして作ります。Webシステムとは、ごく簡単に言うとWebサイトを作るのと同じ技術を使って画面を作ったりプログラミングしたりしたものです。

この仕組みの利点は、クライアント側にブラウザを使うので、わざわざクライアント用のプログラムを用意しなくて良いところです。システム側も、Webサイトを作るエンジニアと同じメンバーが作れるので、人材も得やすいというメリットがあります。

一方、つなぎっぱなし[8]にはできないので、システムによっては、作りづらいものがあります。

---

[6] ブラウザとは、Google Chrome、Opera、Mozilla FireFox、Vivaldi、Edge、Internet Explorerなどの、Webサイト閲覧ソフトのことです。

[7] ブラウザはHTTPプロトコル（Webで使う通信プロトコル）で通信するのが基本なので、ブラウザを使う段階でサーバ側には何らかのWebサーバ機能が必要になります。ごく簡単に言うとブラウザはWebサイト的なものしか表示したり通信したりできないということです。

[8] クライアントとサーバをつなぎっぱなしにできないことを「コネクションが持続できない」と言います。つなぎっぱなしであれば自動的に双方の情報を同期できるのですが、そうではないので定期的に同期させる必要があります。

Column

Webサーバとは

　Webサーバとは、Apache（アパッチ）やnginx（エンジンエックス）などのWebサーバソフトをインストールしたサーバのことで、Webブラウザからの接続を待ち受け、接続があると、その要求に対するコンテンツを返します。

　サーバの段階では、「HTML」と呼ばれるテキストコンテンツ部分と、画像や動画は別々に保存されています。

　ブラウザからの要求に対し、サーバ側は、該当するコンテンツをバラバラのまま返し、ブラウザがそれらを組み立てて表示します。

　Microsoft WordやPowerPointなどでは、ファイルに画像を含んで保存されますが、ウェブサイトの場合はこのようにバラバラなので、覚えておくと良いでしょう。

Column

ExcelやAccessでRDBMSにアクセスする

　RDBMSによっては、Windows環境でExcelやAccessから接続することもできます。その場合はODBCという仕組みを使います。ODBCは、Windowsにおいて汎用的なデータベース接続をする仕組みです。

　接続のための設定をいくつか行い、「その他のデータソース」（Excelの場合）や「ODBCデータベース」（Accessの場合）などから、接続します。

　Excelでは、データを取り込むだけですが、Accessの場合は、更新することも可能です。

Chapter8 データベースを使おう

2 身近なアプリケーションとデータベースの関係

そういえば毎日YouTube見るし、Amazonで買い物するし、Googleで検索してるなあ。その中でデータベースはどこにあって何をしているんだろう。

お、いい質問だね。それでは、アプリケーションとデータベースの様々な関係をチェックしてみよう。

8-2-1 アプリケーション

プログラムとの関係がわかったところで、次は個々のシステムの仕組みについて考えていきましょう。

ここで紹介する仕組みは、実際に使用されているものを解析したものではありません。もっと効率の良い設計や、セキュリティ的に課題のある場合もあります。そもそもサーバは複数台でしょうし、もっと複雑に構成されています。ただ、徒手空拳でデータベースシステムを設計しようとしてもなかなか難しいと思うので、本項を見ながらおおよそどのような仕組みであるかを理解する足がかりとしてください。

図8-7 身近なシステムの例をみよう

● 8-2-2 | Webカレンダー

　まずは、比較的簡単なWebカレンダー[9]から見ていきましょう。ウェブカレンダーは、Webサイトにて提供されているWebアプリなので、当然Webサーバ上にプログラムが載っています。そういう意味では、普通のWebアプリでしょう。

　問題は、むしろデータベースの扱いです。作り方は色々ありますが、ユーザ単位ではなく登録順単位でレコードを記録する方法があります。その場合、ユーザがカレンダーを見る時には、該当ユーザのデータのみSQL文で選択して取り出されます。ただ、闇雲にユーザを混在させると検索に時間がかかってしまうので、ある程度の人数単位でテーブルは分けることになるでしょう。

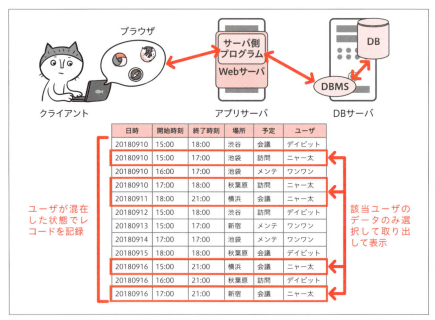

図8-8 Webカレンダーのテーブルの一例

---

[9] 代表的なWebカレンダーにGoogleカレンダーがあります。他にも、サイトやサービスの中でカレンダー機能を提供しているものもありますね。

8-2-3 動画・ショッピングサイト

　動画サイトやショッピングサイト[10]など、ユーザがコンテンツを登録し、別のユーザがそれを閲覧するタイプのサイトがあります。このようなサイトの場合は、動画や商品登録をするプログラムと、閲覧のために検索するプログラムは別に用意され、別々のプログラムが一つのデータベースにアクセスします。

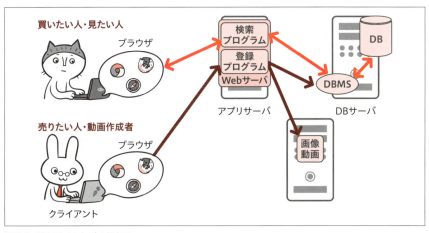

図8-9 動画サイトなどの仕組み

　この時、画像や動画は容量が大きいため、別の場所に保存[11]されることがほとんどです。

8-2-4 ショッピングサイトやゲームの決済機能

　ショッピングサイトやゲームでは、商品の決済や課金があります。これらは、ショッピングカートの操作やゲームのプログラムとは別に「注

---

10 代表的な動画サイトにYouTubeやニコニコ動画、ショッピングサイトとしてはAmazonや楽天などがあります。
11 ニコニコ動画の場合、画面にコメントが表示されますが、あのコメントもデータベースで管理されていると思われます。コメントは更に別のプログラムでしょう。

文を受けるプログラム」や「課金ポイントを管理するプログラム」が存在します。

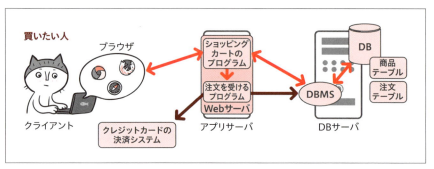

図8-10 決済システムとデータベース

また、クレジットカードやウェブマネーなどは、外部のサイトが受け持ちます。ゲームの課金の場合、アイテム購入時に毎回課金をするのではなく、一旦まとまったお金をゲームに課金してから、そのポイントを使ってアイテムを購入することが多いですが、これはそうした事情もあるでしょう。購入したアイテムの一覧もカレンダーと同じく、ある程度のユーザ単位でまとまったテーブルとして管理する方法があります。

8-2-5 図書館の検索システム

図書館によっては、蔵書を外部のパソコンからインターネット経由で検索できるシステム[12]を採用していることがあります。図書館内の端末を使って検索できることと、外部のパソコンから検索できることは、別々のものであると考えるとわかりやすいです。

---

[12] これに関連した事件に岡崎市立中央図書館事件（Librahack事件）があります。図書館サイトをクロールして情報をデータベースにまとめるプログラムを作成・使用したことをクラッキングと誤解され逮捕された事件です。違法性や攻撃意図がないことから専門家によっては誤認逮捕だったのではないかという見解を出しています。

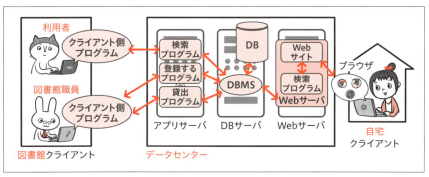

図8-11 図書館のシステムのイメージ

　図書館内での操作を担当するアプリサーバとは別に、ウェブサーバが外部との通信を担い、それぞれがDBMSにアクセスします。

　アプリサーバとウェブサーバは同じで良いじゃないかと思われるかもしれませんが、セキュリティ的な観点からあまり望ましくありません。

8-2-6 検索サイト

　検索サイト[13]の場合は、「クローラー（crawler）」[14]と呼ばれる情報を集めるプログラムを使います。

　クローラーとは、WebサイトからWebサイトへと移動しながら、どのようなページがあるのかを調査するものです。調査することを「クロール（crawl）する」と言います。クローラーは「ロボット（robot）[15]」と呼ぶこともあります。

---

[13] 検索サイトとして有名なのが言わずと知れたGoogle、Yahoo!、goo、Bingなどです。OCN、Biglobe、Niftyなどのプロバイダが提供しているものもあります。

[14] 以前は、検索サイトごとにオリジナルのクローラーを使っていましたが、現在ではGoogleのクローラーを使用していたり、オリジナルと併用したりする例が多いです。そのため、どの検索サイトでも似たような検索結果が出ます。ただし明らかに違う結果が出るようなサイトはオリジナルクローラーのみを使用しているのでしょう。

[15] クローラーへサイト情報を伝えるHTMLタグを「ロボットテキスト（通称ロボテキ）」と呼ぶことがありますがそれはここから来ています。HTMLタグとは、Webページに埋め込む情報のことです。なお検索サイトによってクローラーは異なるため、ロボテキは有効だったり無効だったりするようです。

集められた情報は、当然データベースで管理されます。これも図書館の検索システムと同じく、別々の役割を持ったプログラムが、同じデータベースにアクセスしています。

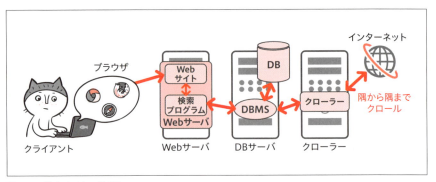

図8-12 検索サイトの仕組み

8-2-7 | Webメール

　最後はWebメール[16]です。これは少しややこしいです。メールの仕組みを理解するため、まずは、通常のメールサーバから説明していきましょう。

　メールサーバは、メールの送受信や受け取ったメールの管理をするサーバです。現在では設定する人が減ってきましたが、パソコンやスマホの「メーラー[17]」というクライアント用プログラムからメールサーバにアクセスしてメールを受け取ります。メールを送信する場合も、メーラーがメールサーバにメールを渡します。

---

[16] Webメールで現在有名なのは、Gmail、Yahooメール、Outlook.comでしょう。以前はgooやinfoseek、など多くのポータルサイトも提供していましたが、現在は無料での提供は無くなる傾向にあります。

[17] 有名なメーラーに、Mozilla Thunderbird、一太郎で有名なジャストシステムのShuriken、Windows標準メールがあります。以前はWindows標準のメーラーとしてOutlook Expressがあり大きなシェアを持っていましたが、Windows Liveメールに替わり、標準でなくなってから使用する人が減りました。Microsoft製としては、他にOfficeに付属しているMicrosoft Outlook（Outlook Explorerとは別のもの）があります。紛らわしいですね。

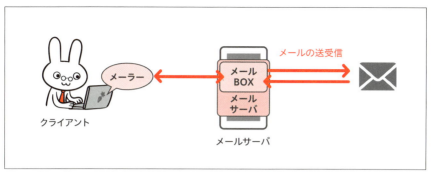

図8-13 通常のメールサーバのイメージ

　Webメールの場合は、クライアントからブラウザでWebメールのサイトにアクセスするのですが、ここで送信した内容は一旦データベースに格納されます。そして別のアプリサーバが、データベースから拾い上げてメールサーバに送ります。するとようやくメールサーバが送信するのです。

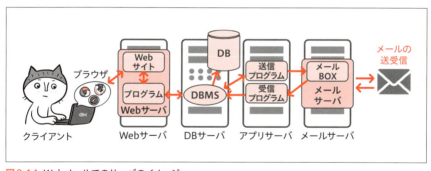

図8-14 Webメールでのサーバのイメージ

　受信の場合は、ブラウザでWebメールのサイトにアクセスすると、Webサーバにあるプログラムが、データベースに未開封のものがないか見に行きます。メールを受信していると、アプリサーバがメールサーバのメールボックスから受信メールを拾って、データベースに格納しておいてくれるのです。

　Webサーバのプログラムはそのメールを見に行くわけです。未開封のものがあれば、Webメールのページに表示されます。

ここでポイントになるのは、あくまでメールの送受信を担当するのはメールサーバであるということです。
　また、Webサイトから直接メールサーバの中身は操作せず、一旦データベースを経由します。
　データベースは自分から何かすることはないので、送信メールがある場合は、Webサイトにあるプログラムから送り込まれますし、それをメールサーバに送るのは、アプリサーバの役割です。
　受信の場合も、何かするのはアプリサーバとWebサーバ上のプログラムであり、データベースは倉庫として待機しているだけです。
　この話は、データベースの仕組みだけでなくメールの仕組みも絡むため、少し難しかったかもしれないですね。今はわからない部分があっても、思い出した頃にもう一度読んでみてください。

Column

ガチャの仕組み

　ブラウザゲームやスマホゲームの「ガチャ」で遊ぶ人も多いと思いますが、その仕組みはどうなっているのでしょうか。
　ガチャでは、まるでカプセルトイのようにボタンを押すとランダムでアイテムやカードを得ることができます。無料の場合もあれば有料の場合もあり、課金しすぎてしまって家族会議になることもあるようです。
　ガチャには「輩出率」というものがあります。例えば、カードを引くガチャで、レアカードとしてデイビット君のカードが用意されているとします。このデイビット君カードの出る確率が輩出率です。1%であれば、「デイビット君カードは、1%の輩出率」ということです。きちんとしたゲーム会社の場合、カードの輩出率は発表どおりです。では、輩出率はどのようにコントロールしているのでしょうか。

作り方は様々ですが一つ考えられるのは、どんなカードを出すかデータベースで管理し、輩出率どおりにデビット君のカードを入れておき、順番に出していくケースです。何番目にどのカードを出すのかテーブルに登録しておくということです。この形なら、輩出率どおりに出すことができます。

また、ゲームをやっている方はご存じかと思いますが、ガチャは同じ人が何度も引く場合と、イベントなどで一人が一度しか引けない場合があります。当然、どちらの場合でも輩出率が同じでなければなりません。

これは、同じ人が何度も引く場合は、ユーザごとにカードをセットにしたテーブルを用意しておき、一人一度の場合は、全体で一つのテーブルから順番に出していくことで対応できそうです。

このようなガチャは引くたびに乱数で決める方法もありますが、正確な輩出率にというわけにはいきません。きちんと行うためにはある程度恣意的な操作が必要になってくるのではないかと思います。一人だけ連続で良いカードを引きまくるという現象は考えづらいですから、趣味の範疇でガチャは楽しむのが良さそうですね。

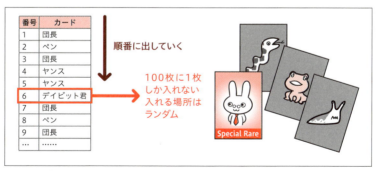

図8-15 ガチャの仕組み

おわりに　データベースを楽しもう！

　　　　　さて、データベースについて色々お話ししてきましたが、いかがでしたか。思ったより、簡単だったでしょうか。それとも少し難しかったでしょうか。

　データベースは、今やシステム開発になくてはならないものです。この世のほとんどのシステムはデータベースが絡んでいると言っても大げさではない時代になってきています。

　データベースに命令するSQL文は、少し勉強すれば身につきますが、それゆえにデータベースの考え方がわからないままに使っているエンジニアも多く居ます。初心者のうちはそれでも良いかもしれませんが、先輩になったり、設計を担当するようになってもわからないままではいけません。

　「こういうもの」と丸暗記して覚える内容もありますが、多くはそこに至った理由や理屈、歴史があります。なぜこうしなければならないのか、なぜこうなるのかをよく考えることが、良いシステムを作る土台となり、ひいてはあなたの武器となるはずです。

　ぜひ、本書で学んだ内容をデータベースシステム作りに活かしてください。今のあなたなら、きっと良いシステムが作れるはずです！

小笠原種高

INDEX

A
ACID特性……………………125
ALTER………………………84
Amazon DynamoDB…………32
Apache………………………151
Azure CosmosDB……………32

B
B木……………………………139

C
CentOS…………………187,202
CHAR………………………115
CIA……………………………222
Cloud Datastore………………32
Couchbase……………………32
CouchDB………………………32
CPU…………………………160
CREATE………………………84
CSV…………………………205
CUI…………………………193

D
DATE…………………………118
DATETIME…………………118
datum…………………………16
DB……………………………13
DB2……………………………28

D
DBMS…………………………22
DCL…………………………108
DDL…………………………108
Debian………………………187
DELETE………………………85
DML…………………………108
DoS攻撃……………………224
DROP…………………………85

E
ER図…………………………176
Excel……………………43, 205
EXCEPT………………………100

F
FK……………………………179
FreeBSD……………………187

G
GUI…………………………193

H
HDD…………………………217

I
ICカード………………………35
IDEF1X………………………178
IE記述法……………………178
INNER JOIN…………………101
INSERT………………………84

| INTERSECT | 100 |
| IoT | 47 |

J
| JSON形式 | 31 |

M
Mac OS	187
MariaDB	28
memcashed	32
Microsoft Access	37, 188, 238
Microsoft SQL Server	28
MongoDB	32
MySQL	24, 28, 201

N
Neo4j	32
NetBSD	187
Nginx	151
NoSQL	29, 40, 57, 40, 57
NULL	60, 66, 102, 119

O
OpenBSD	187
openSUSE	187
Oracle Database	28, 201
ORDER BY	95
OUTER JOIN	102

P
phpMyAdmin	195
phpPgadmin	195
Postfix	151
PostgreSQL	24, 28, 201
Putty	192

R
Radis	32
RDBMS	27
READ COMMITTED	126
READ UNCOMMITTED	126
Red Hat	187
REPEATABLE READ	127

S
SELECT	86, 87, 90
Sendmail	151
SERIALIZABLE	127
Solaris	187
SQL	25
SQLite	37, 188
SQLインジェクション	224, 225
SSD	217
SSH	192
SUSE	187

T
TeraTerm	192
TEXT	116
TIME	118
TIMESTAMP	118

U
Ubuntu	187
UI	37
Unicode	95

| UPDATE | 86 |
| UTF-8 | 95 |

V

| VARCHAR | 115, 116 |

W

| Webサーバ機能 | 237 |
| Webシステム | 237 |

X

| XML形式 | 31 |

あ

| 値 | 58 |
| アトリビュート | 177 |

い

インタプリタ	212
インデックス	54, 137
インポート	155

う

| ウォーターフォールモデル | 158 |

え

エクスポート	155
エスケープ処理	225
演算子	103, 104
エンティティ	177

お

| オートコミット | 124 |
| オートナンバー | 67 |

か

カーディナリティ	177
階層型データベース	39
開発モデル	158
外部設計	153
筐体	189
ガチャ	246
カラム	58
関数	103, 105
・数値関数	106
・日付・時間関数	106
・文字列関数	106

き

キー	65
・外部キー	69
・候補キー	68
・自然キー	68
・主キー	66
・スーパーキー	68
・代替キー	67
・非キー	68
・複合キー	67
キーバリューストア型	27, 30
基本設計	153
行	58
脅威	221
・技術的脅威	224
・人為的脅威	224
・物理的脅威	223
業務フロー	164

く

| クライアント | 184 |

クライアントサーバシステム 188, 232
クラッキング 220, 242
クローラー 243
クロール 243

け
結合 97
・外部結合 98, 102
・内部結合 98, 101

こ
コネクションプーリング 207
コマンドラインツール 193
コミット 124
コンソール 193
コンパイラ 212

さ
サーバ 35, 184
・Webサーバ 189, 238
・アプリサーバ 233
・サーバ担当者 197
・データベースサーバ 189, 233
・メールサーバ 189
サイジング 160
サイバー攻撃 221

し
シフトJIS 95
集合 97, 99
・差集合 98, 100
・積集合 98, 100
・和集合 98, 99
集約関数 103, 106
出力画面 52
仕様 153, 215
詳細設計 153
冗長化 218

す
数値型 117
スカラ値 76
スキーマ 160
・概念スキーマ 162
・外部スキーマ 162
・三層スキーマ 160
・内部スキーマ 162
スタンドアロン型 188
ストアドプロシージャ 143
ストレージ 159, 217, 217

せ
正規化 50, 73, 78
・第一正規形 74, 76
・第二正規形 76
・第三正規形 76
制約 111, 118
・一意性制約 120
・参照制約 121
・非NULL制約 119
セキュリティホール 228

そ

属性 ……………………………………… 59
属性値 …………………………………… 59
その他の関数 ………………………… 106

た

ターミナル ………………………… 193
タプル …………………………………… 59

て

データ …………………………………… 14
データ型 …………… 64, 96, 111, 114
データ制御言語 …………………… 108
データ操作言語 …………………… 108
データ定義言語 …………………… 108
データの繰り返し ………………… 75
データベース ………………………… 15
　・データベースの拡張性 …… 44
　・データベースの関係性 …… 44
データベースシステム …… 17, 150
データベース領域 ……… 61, 80, 82
テーブル ……………………………… 58
テーブル設計 ……………………… 174
デッドロック ……………………… 132

と

ドキュメント型 ………… 27, 31, 31
ドライバ …………………………… 209
トランザクション …… 111, 122, 126
　・トランザクション分離レベル
　　………………………………… 126, 130
トリガー …………………………… 146

な

内部設計 …………………… 153, 166

に

入力画面 ……………………………… 52

ね

ネットワーク型データベース
　……………………………………… 37, 39

は

バックアップ …………… 218, 229
ハッシュ …………………………… 171
バリュー ……………………………… 59

ひ

ビッグデータ ……………………… 18
日付と時間型 …………………… 118
ビュー ……………………………… 140
表形式 ………………………………… 42
非リレーショナル型DB
　………………………………… 29, 57, 57

ふ

ファイル ……………………………… 36
ファイル型データベース ……… 37
ファントムリード ……………… 127
フィールド ………………………… 58
フィールド値 ……………………… 59
フィッシング詐欺 ……………… 224
ブラウザ …………………………… 237
プログラム設計 ………………… 153
プロセス …………………………… 207

へ
ペルソナ ……………………………… 164

ほ
保守 …………………………………… 155

め
命令語 ………………………………… 108
メーラー ……………………………… 244
メモリ ……………………… 160, 184, 184

も
文字列型 ……………………………… 116

ゆ
ユーザー ……………………………… 207
ユースケース ………………………… 164

よ
要求定義 ……………………………… 164
要件定義 ……………………………… 153

ら
ライブラリ …………………………… 209

り
リストア ……………………………… 154
リレーショナルデータベース
　……………………………… 26, 42, 45
リレーション ……………… 45, 59, 177

れ
レコード ………………………………… 58
レスポンスタイム ………… 159, 219
列 ………………………………………… 58
レプリケーション …………………… 230
連番 ……………………………………… 67

ろ
ロウ ……………………………………… 59
ロールバック ………………………… 124
ログ …………………………………… 230
ロック ………………………… 111, 128
　・共有ロック …………… 130, 131
　・排他ロック ……………………… 130
ロボット ……………………………… 243

小笠原 種高
（おがさわら しげたか）

テクニカルライター、イラストレーター、フォトグラファー。システム開発やWebサイト構築の企画、マネジメント、コンサルティングに従事。雑誌や書籍などで、記事の執筆や動画の作成を行っている。

[Website]
モウフカブール http://www.mofukabur.com

主な著書・ウェブ記事

『これからはじめる MySQL 入門』、『ゼロからわかる Linux Web サーバー超入門』(技術評論社)
『ミニプロジェクトこそ管理せよ！』(日経 xTECH Active 他)
『はじめてのプロジェクションマッピング』、『256 (ニャゴロー) 将軍と学ぶ Web サーバ』(工学社)
『図解入門 よくわかる最新スマートフォン技術の基本と仕組み』、『ポケットスタディ 情報セキュリティマネジメント』(秀和システム)
他多数

執筆協力　大澤文孝、桐島メグザネ
　　　　　浅居尚、いものいもこ
Special Thanks　大西すみこ

装丁・本文デザイン	大下賢一郎
イラスト	森 木ノ子
DTP	BUCH⁺
編集協力	大澤文孝
動物ピクトグラム作成（21 ページ）	小笠原種高

なぜ?がわかるデータベース

2018年12月 5日　初版第1刷発行

著　者	小笠原種高（おがさわら しげたか）
発行人	佐々木幹夫
発行所	株式会社翔泳社（https://www.shoeisha.co.jp）
印刷・製本	日経印刷株式会社

©2018 Shigetaka Ogasawara

本書は著作権法上の保護を受けています。本書の一部または全部について（ソフトウェアおよびプログラムを含む）、株式会社翔泳社から文書による許諾を得ずに、いかなる方法においても無断で複写、複製することは禁じられています。

本書へのお問い合わせについては、2ページに記載の内容をお読みください。

落丁・乱丁はお取り替えいたします。03-5362-3705までご連絡ください。

ISBN978-4-7981- 5654-5
Printed in Japan